化学で「透明人間」になれますか?

人類の夢をかなえる最新研究15

佐藤健太郎

光文社新書

はじめに

部屋の整理などをしていて、子どもの頃に読んでいた漫画をふと手に取ってみると、世の中は変わっていないようで、ずいぶん変わっているのだなと思わされます。電話、テレビ、カメラ、ビデオ、音楽プレーヤー、コンピュータなどの機能を兼ね備えた道具を、誰もがポケットに入れて持ち運ぶようになるとは、かつては思いもよりませんでした。

我々の気づかないところで、現実になりかかっている夢もあります。頭の良くなる薬、体が透明に見えるマント、頭で考えるだけで操作できる機械など、すでに実用になりつつある驚くべき技術が、いくつもあるのです。

一方で、案外実現していない夢もあります。21世紀には空を飛ぶ車が行き交い、人類は火星や木星へ到達している――というかつての未来予想図は、いまだ現実のものになっていません。すべての病気を治すこと、いつまでも若く美しくいることは、あらゆる人々がずっと熱望してきたことでありながら、今も夢のままであり続けています。環境問題、エネルギー問題といった人類の目の前に横たわる大きな課題も、解決にはほど遠い状態です。

そうした夢に、科学技術はいったいどこまで迫っているのか。現在、そして未来に、我々の夢はどこまでかなうのか、追いかけてみることにしました。鍵を握る分野は「化学」です。

と言っても、化学と言うと小さな原子や分子がくっついたり離れたりしているだけの地味な分野で、学校でも暗記ばかりのつまらない教科――というイメージしかないかもしれません。

いやいや、実はそんなことはないのです。化学は、原子を自在に操って、これまで世界に存在しなかった物質を、一から作り出すことのできる分野です。人類の夢をかなえるには、今まであるものを組み合わせるだけでは足りません。夢の実現には、どうしても根本的に新しい「もの」を創り出すことが必要ですが、それができるのは化学をおいて他にありません。

もちろん、化学だけですべてが解決できるわけではなく、難問に立ち向かうにはさまざまな周辺科学の力、そしてそれらを組み合わせる技術の力が必要です。これらがどう力を合わせ、どう夢を実現させていくのか、じっくりご覧いただければ幸いです。

そしてまた、夢をかなえると言っても、バラ色の話ばかりとはいきません。大きな変化にはマイナス面もつきものですし、夢がかなうと称した怪しげな商法もつきまといます。本書では、こうした話も紹介しています。

案内役を務めるのは、日本のどこかの研究所で、「夢をかなえる」研究に取り組んでいるサトウ博士、そしてその奥さんのショウコさんです。さてどんな夢がかない、どんな夢が難しそうなのか、気楽に読んでいただければ幸いです。

化学で「透明人間」になれますか？／目次

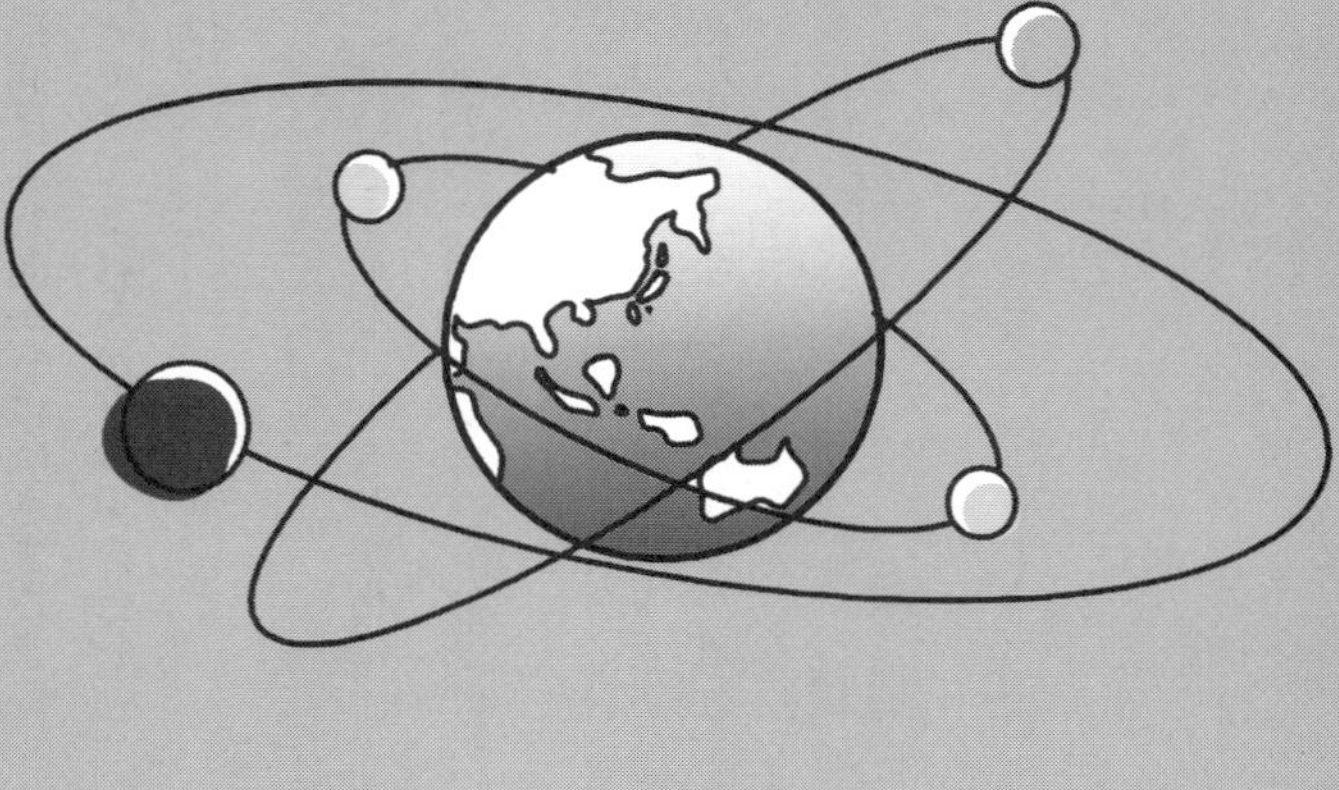

イラスト／おちゃずけ
目次・コラムデザイン／渡邊民人（TYPEFACE）

本書の登場人物

日本のどこかの研究所に勤務している化学の研究者。何を研究しているのかは謎。ふだんはあまりしゃべらないが、研究の話になると止まらなくなる。夢は、人類の未来を変える化合物を作ること。

サトウ博士の妻。食べることと楽しいことが好き。夫の研究内容にはあまり興味がないが、長いウンチク話は妻のつとめとして聞いてあげることにしている。ときどき無茶振りをして、夫を困らせるのが趣味。

第1話　「金」をたくさん作れますか⁉

サトウ博士（以下博士）　ただいまー。いやー疲れた疲れた。

ショウコ（以下ショヨ）　あらあなた、お帰りなさい。毎日遅くまでお疲れさま。研究の方はうまくいってるの？　毎日ずいぶん根を詰めてるようだけど。

博士　まあね、そりゃまあ、そう簡単にはいかないよ。何しろ「人類の夢をかなえる」研究だからね、俺がやってるのは。

ショヨ　マジーっ⁇　あなたの研究って「化学」なんでしょ？　原子とか分子がくっついたり

離れたり、正直地味じゃない？　そんな研究、人類の夢と関係あるの??

博士　フフフ、あるのだよ、それが。

化学というのは、昨日まで世界になかった物質を、自由に創り出せる「唯一の分野」なのである。欲しい物質を設計する技術も、どんどん進歩している。

博士　夢のような化合物だって、何でも創れるわけよ、その気になれば。

ショ　おっ、何だか大きく出たわねぇ。じゃあ、金とかプラチナも、作れるの？

博士　え？　いや、それは化合物じゃなくて元素だからね。どうやったって、無から有を作ることはできないよ。

ショ　なんだー、できないんじゃん。「夢をかなえる化学」の実力って、そんなものなの？

博士　いや、夢って言っても、そんなんじゃなくて、だね……。

ショ　ちぇっ、やっぱりダメか……。今日会った友達が、素敵なゴールドの指輪をしてたもんだからさ。

博士　女子ってのは貴金属が好きだねえ。俺らは「触媒（しょくばい）」に使ったりぐらいしか、しないんだけど。

金・白金などの貴金属には、化学反応を進行させる触媒として働くものがあり、化学者にとっ

ては、実験でよく使うおなじみの元素だ。

ショ　そりゃあやっぱり、ゴールドの輝きってのは特別よね。でも、金が好きなのは女性に限らないんじゃない？

博士　エジプトのツタンカーメンがあれだけ人気なのは、やはり、あの「黄金のマスク」のおかげだろうね。何千年も前から「金」ってのは貴重なものだったし。日本でも、金閣寺とか中尊寺金色堂とか、秀吉の黄金の茶室なんかも有名だよね。

ツタンカーメンの黄金のマスク

ショ　ね。だからちょっと指輪とか買ってみたりとかさ……。

博士　（無視して）人類が今まで掘り出した金の量ってのは、合計で約10万トンでしかないんだってさ。

ショ　10万トンって結構な量じゃない。

博士　と思うでしょ？　でも金ってのは重たいから、体積にすると意外と少ない。オリンピックのプール3杯分ほどしかないんだって。

金の比重（比重とは、物質の質量を、同体積の標準物質〔通常は4℃における水〕の質量で割ったもの）は約19・3で、最も重い金属の一つ。1リットルの牛乳パックの大きさの金は、5歳児一人分ほどの重さがあることになる。

ショ　へーっ。地球上の金を全部合わせてプール3杯分？　そう思うと少ないな、やっぱり。

博士　金は錆(さ)びないし、あの輝きだしね。だから昔から誰もが欲しがり、取引きされてきた。どこの国でも、金・銀・銅が貨幣として使われてきたし。

金・銀・銅は、周期表で縦に並んでおり、性質が似通っている。いずれも錆びにくく、貴重であるため、これらは貨幣として用いられてきた。

ショ　オリンピックのメダルもだね。

博士　金は銀より１００倍くらい貴重、銀は銅より１００倍くらい貴重。錆びにくさもこの順番だから、やはり金が1位、銀が2位、銅が3位になったんだろうな。

ショ　３つとも、色が違っていて見分けやすいしね。

博士　金属はたくさんあるけど、単体でああいうふうにはっきり色がついて見えるのは、金と銅だけだね。強(し)いて言えば、「オスミウム」って金属はちょっと青っぽいけど。

ショ　なんで金と銅だけに色があるの？

オスミウム

博士　金は青色の光を吸収するからなんだけど、なぜそうなるかはちょっと難しい。相対性理論なんかも絡(から)んでくるんだけど、詳しく言うとだね……。

ショ　あ、はいはい、わかったからもういいです。そんなことより、あなたの「夢をかなえる研究」とやらで、金を手に入れる手立てでも考えてよ。

錬金術の時代

博士　金を手に入れる、か……。人類は何とか金を造り出そうと、いろんな努力を重ねてきた。いわゆる「錬金術(れんきんじゅつ)」ってやつだ。

ショ　なんか、おじいさんが鍋でぐつぐつ煮たりして、怪しげな実験をやっているやつだよね。

博士　まあ、そうだね。で、「賢者の石」というものが手に入れば、鉛を金に変えられると信じられていた。

ショ　「賢者の石」って、『ハリー・ポッター』に出てきたよね。魔術の世界だわ。

博士　うん、でも錬金術ってのもなかなか馬鹿にはできなくて、硫酸とかアンモニアとかリンとか、錬金術師によって発見された化合物や元素も多いんだ。

錬金術（アルケミー）という言葉は、現在の化学（ケミストリー）という言葉の語源になっている。「アルケミー」の「ケミ」は、中国語の「金」から来ているという説もある。

ショ　ふーん。化学のご先祖様みたいなもんね。

博士　実は、化学と錬金術の境界線って、はっきり引けるもんでもないしね。あのニュートンも、本気で錬金術に取り組んでいたらしいよ。

ショ　ニュートンって、万有引力の？

ニュートンは、科学的業績のほとんどを20代で挙げており、30～40代はその成果の執筆に費やし、50代は役人として過ごし、60歳からの25年間は、不毛な錬金術の研究に明け暮れていたと言われる。

博士　もちろんニュートンの天才をもってしても、鉛を金に変えることはできなかった。

ショ　それができていれば、あなたの釣り具も私のネックレスに変えてもらえるのにねえ……。

博士　金も鉛も「元素」だからね。元素はすべての「もと」になる粒子で、新たに作り出すことはできないんだ。

元素と元素のつながりを組み替えることで、新たな性質を持った「化合物」を作り出すことはできる。しかし金や鉛などの「元素」は、他のものから新たに作り出すことができない。いわゆる「レアメタル問題」なども、根幹はこの点にある。

ショ　どうやっても元素を作ることはできないの？

博士　原子炉の中で「核反応」を起こせば、ある元素を他の元素に変えることは一応できる。金だって作り出せないわけじゃあない。ただ、コストも莫大だし、放射性廃棄物もたんまり出るから、論外だけどね。

ショ　やっぱりダメか……。どこかに金塊がたくさん落ちてたりしないもんかしらねえ……。

海水は金の宝庫!?

博士　実はね、金はたくさんあることはあるんだよ。取り出すのが大変なだけで。

ショ　えっ、どこにあるの？

博士　実はね、海水にはごく低濃度だけど、金が溶けているんだ。さっき、今までに取り出された金は10万トンって言ったけど、海水には金が全部で50億トンも溶けてると言われている。

ショ　えっ！　マジで!!　ちょっと海水取ってくるっ!!

博士　あー……、待て待て。バケツなんか持っていっても足りないって。

ショ　じゃあ風呂桶でも持ってく!!

博士　落ち着いて、最後まで聞けって。実は昔、本気でこれをやろうとした人がいたんだけどね。フリッツ・ハーバー（１８６８〜１９３４）っていう、ノーベル賞も取った偉い化学者なんだけど。

フリッツ・ハーバー

ハーバーは、空気中の窒素をアンモニアに変える「ハーバー＝ボッシュ法」を開発、これによって、肥料の大量生産が可能になった。この方法は現在、世界の食糧生産の３分の１を支えている。

ショ　ってことは、そのハーバーさんがいなかったら……。

博士　もし今、ハーバー＝ボッシュ法のプラントがすべて止まったら、世界で20億人以上が飢え死にする計算だね。

ショ　おおお……、ハーバーなんとか法、マジパネェっす。じゃ、毎日お腹いっぱい食べられるのはハーバーさんのおかげか。

博士　マジパネェっしょ。なのでハーバーは、「空気からパンを作った男」と呼ばれている。

ショ　で、その空気からパンを作った男が、今度は海水から金を作ってひと儲けしようとしたわけだ。

博士　いやいや、それが、そんなんじゃないのよ。このハーバー先生は、大変な愛国者でね。

彼の愛する祖国ドイツは、第一次世界大戦で敗れ、莫大な賠償金を払うはめになった。そこでハーバーは海水から金を取り出し、これを賠償金に充てようと考えた。

ショ　偉い人ねえ。

博士　まあね……。ただ、愛国心が過ぎて、戦争中に毒ガス兵器を作って、自ら戦場で指揮を執ったりもしたんだけど。

ハーバーの作った毒ガスは、やがてナチスのホロコーストにも使われることになる。ハーバ

ー本人はユダヤ人であったため、ヒトラーによって国外追放となり、祖国の土を踏むことなく、65歳で没した。

博士　ハーバーは、「不可能を可能にした自分なら、海水から金だって取れる！」と意気込んでいたらしいんだけどね。実は彼は、致命的なミスを犯していた。

ショ　ミス？　どんな？

博士　海水中の金の濃度を、実際より1000倍も高く見積もっていたんだ。

ショ　あちゃー。

海水1トンに溶けている金の量は、0・01ミリグラム以下。1グラムの金を集めるには、東京ドーム数杯分の海水が必要だ。

博士　……てことで、海水を蒸発させるエネルギーや手間賃だけで、金の値段を軽く上回ってしまう。いかにハーバーでも、これはどうしようもなかった。

ショ　できることとできないことはあるわけね、やっぱり。

博士　金ではなく、もっとたくさん海水に含まれている元素なら、何とかしようもあるんだけどね。たとえば旧日本軍のゼロ戦なんかは、海水から造られていたんだって。

ショ　え、戦闘機が海水から？

博士　海水には、「にがり」ってのが含まれてるでしょ。あそこからマグネシウムという金属が取り出せるんだ。

ショ　燃やすとまぶしいやつ？

博士　うん、そのマグネシウムとアルミニウムなんかを混ぜたのが「ジュラルミン」っていう合金で、軽くて丈夫だから、戦闘機の機体に使われていた。

にがりとは、海水から塩を製造する時に、食塩を抽出したあとに残る液体。苦い味がするため、苦汁（にがり）と書く。主成分は塩化マグネシウムだが、他にも、硫酸マグネシウム、塩化カリウム、塩化カルシウムなど、１００以上のミネラルを含む。

ショ　はー、にがりが戦闘機に化けるのか。化学って不思議ね。

博士　今は、海水からマグネシウムを取り出し、それを燃やしてエネルギー媒体に使おうという研究が進んでいる。二酸化炭素も出ないし、マグネシウムの精錬（せいれん）には太陽光エネルギーを使うからクリーン。これはかなり有望だから、将来はマグネシウムで車が走るかもしれないね。

海水からウラン

ショ　で、海水から金を取り出すのは、やっぱり今の技術でも無理なの？

博士　やっぱり濃度があまりに低いから、金は厳しいだろうね。もっと海水にたくさん溶けていて、値段が高い元素を狙う方が現実的だろうな。

詳しく分析すると、海水からは77種類の元素が検出される。放射性元素・気体を除く、ほぼすべての元素が見つかると言っていい。

ショ　プラチナとか銀でも、私はオッケーよ。

博士　貴金属じゃなくて申し訳ないけど、いちばん可能性がありそうなのは、ウランなんだよね。

ショ　ウラン⁇　原発に使う？　そんなものが海に溶けてるの？

博士　実は意外と多いんだよ。海水中の金属の中では13番目に多くて、金の数百倍は溶けてるんだって。

ショ　えっ、海水浴に行った時に、だいぶ海の水飲んじゃったけど、大丈夫かな……。

博士　健康にはまったく問題ないよ。まあ、海には世界中の陸地を削ってきた川が何億年も流れ込み続けてるから、当然あらゆるものが溶けてるわけで。

ショ　はー。で、取り出せるの？

博士　２０１０年頃に大規模な実験が行なわれていて、思ったよりいけそうな結果が出てる。**ポリエチレンに手を加えて、ウランにくっつきやすい「アミドキシム」という原子団を結合させたものが、ウランを捕まえる「網」になる。これを60日間海に沈めておくことで、キログラム単位のウランを回収する、というところまで実現している。**

ショ　おおっ、結構取れるんだ。

博士　もちろん、まだまだコスト面で、鉱山のウランにははるかに及ばないけど、研究が進めば可能性はあるかな、というところ。ただ、原子力発電自体がこういう状況だからねえ……。

ショ　確かに、そっちより、他の研究をしてもらった方が、ね。海からは、他にいいものは取れないのかしら。

博士　電池に使うリチウムとか、鋼材に使うバナジウムやモリブデンなんかのレアメタルも海水には溶けてるんで、そっちにこの技術が応用できるかもしれない。日本には資源がないと言われてきたけど、「海」ならどこの国にも負けないくらいあるわけだから、期待したいよね。

金塊を作る細菌

ショ　レアメタルもいいんだけど、やっぱりゴールドがいいんですけどねえ、私は……。

博士　あ、うまく話をそらしたつもりだったのに、思い出しちゃったか。

ショ　はあ……。化学とやらは、妻の夢ひとつかなえられないのか……。

博士　実は、最近その方面で、面白い発見があった。金塊を作る細菌が見つかったんだって。

ショ　おお、錬金術じゃん！

博士　と言っても、もちろん、何もないところから金を作り出すわけじゃないんだけど。鍵になってるのは「デルフチバクチン」という化合物でね。

ショ　出るうちバカチン？

この細菌（デルフチア・アシドボランス）は、デルフチバクチンという化合物を分泌する。これが、水に溶けた金のイオンを捕まえ、金の粒子に変えてくれるという仕組みらしい。

博士　で、この細菌は自分で作った金の粒子の中に住むんだって。

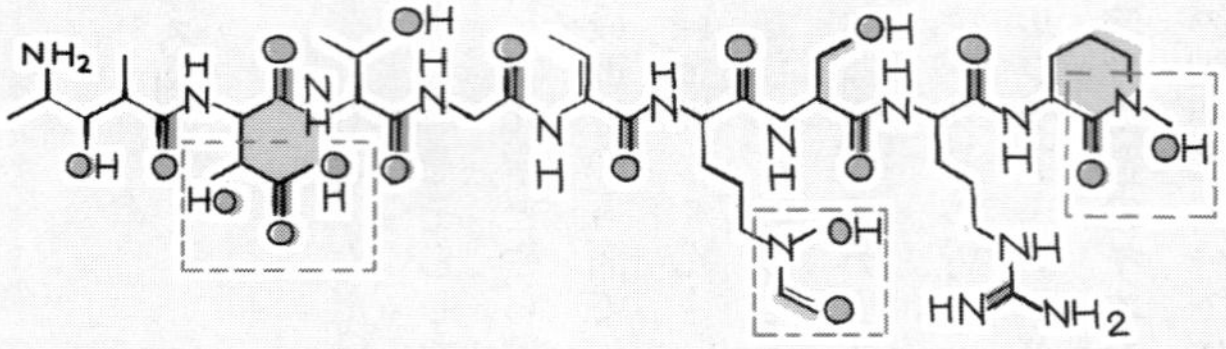

デルフチバクチン

※点線内が金にくっつく部分

シヨ　黄金の宮殿かあ……！　ずいぶんぜいたくな細菌だわね。

博士　まあ別にぜいたくをしたいわけじゃなく、身を守るためらしいけどね。

シヨ　どういうこと⁇

博士　金のイオンっていうのは、細菌にとっては毒性があるんだって。金だって重金属だからね。で、その毒を捕まえて、安全な形である金の粒子に変えるために、こういうことをしてるらしい。

シヨ　せっかくの黄金を毒だなんて、ずいぶんバチ当たりな細菌ね。でも、その細菌をたくさん育てれば、金を集めて金塊にしてくれたりしないの？

博士　お、やっぱり金のことになると頭が回るね。ただ、この菌は、金鉱の近くに住んでるんで、こういうことができる。そこらの土でこの細菌を育てても、たぶんうまくいかない。

ショ　なぜに？

博士　デルフチバクチンってのは、金だけじゃなく他の金属イオンにもくっついちゃうのよ。なので、そこらで育てると、金よりもずっとたくさんある鉄なんかを集めるだけになる。

ショ　ありゃ。鉄くずを作ってもらってもちょっとねえ……。

博士　そうなんだ。でもまあ、たとえば化学工場なんかでこの菌を使えば、廃水の中の重金属を除去できる、なんて使い方はあるかもね。

ショ　うーん、役に立つかもしれないけど、いまいち夢がないな。

代替材料は「現代の錬金術」

博士　うちの研究所では、白金（プラチナ）の触媒をよく使うけど、実験が終わったあとは廃液として出しちゃうからね。この細菌で廃液処理をすれば、結構な量が回収できるかもね。

ショ　そんなに白金を使うの⁉　せっかくのプラチナをそんなふうに使うのって、何だかもったいないけど……。

博士　実は白金は、かつては貴金属としてあまり人気がなかった。金を採取する時の邪魔モノ扱いされてたくらいで。

ショ　プラチナはカルティエが流行（はや）らせたんだよね。でも、世界で一番プラチナが好きなのは日本人で、ジュエリー用には日本で一番売れるんだってよ。

博士　日本人は渋好みなのかな、やっぱり。でも、世界的には触媒用の需要の方がずっと多くて、特に、自動車の排気ガス浄化のために、生産高の半分ほどが使われている。**白金触媒は、一酸化炭素、窒素酸化物（NOx）、炭化水素などの有害物質を分解し、無害な物質に変える。白金触媒がなければ、世界の大都市は、人の住めない環境になっていただろうと言われている。**

ショ　大気汚染と言えば、今、中国はすごいことになってるみたいだけど……。

博士　あれは微粒子が主原因なんだけど、NOxなんかも寄与してるから、対策として白金触媒が相当に使われるかもしれない。

ショ　ってことは……白金の値段が上がるってこと？

博士　白金価格は、10年前の3倍ほどになっていて、最近、またさらに上がってるね。

ショ　うわ……、プラチナリングが遠くなる……。

博士　ただ、最近、鉄の化合物で白金と同じような排気ガス浄化作用を持つものが見つかってきている。これで代替できれば、白金のお世話にならなくてもよくなるね。

その他、研究中の燃料電池車などでは、大量の白金触媒を必要とするため、費用も大変高くつくが、これも炭素系の材料で安く代替できそうなものが出てきた。また、九州大学の研究グループは、阿蘇山に住む細菌から、白金より優れた触媒作用をもつ酵素を発見し、燃料電池の電極としての応用に世界で初めて成功した。

ショ　なら、プラチナの指輪も価格がお手頃になるかも、ってことね。

博士　そういうこと。言ってみれば、鉄や炭素みたいな安い元素に、白金の働きをさせるわけだ。

レアメタルを使わない強力磁石や液晶ディスプレイの開発、古い携帯電話やパソコンからの貴金属回収など、貴重な元素の利用・代替技術開発は「元素戦略」と呼ばれ、日本が世界をリードしている重要分野だ。

博士　てことで、こういう研究こそが「現代版の錬金術」と言えるんじゃないかな。

ショ　なるほどね。研究者のみなさん、期待してます！

海水もダメ……
細菌もまだまだ…代替材料も私にはよくわかんない
となると現代の錬金術…と言えば

やっぱり子どもへの投資かな？
これは〝アポー〟
パプー
偉くなってバッチリ稼いでね～
英才教育

第2話　「不老不死」になれますか⁉

ショウコ（以下ショ）　あーあ……。

サトウ博士（以下博士）　どうした、鏡見ながらため息なんかついて。

ショ　いやあ、最近お肌の調子が悪いのよね……。昔のようにはいかないわ。

博士　うむ、加齢により肌の水分は失われるからね。肌を作る成分であるコラーゲンも、互いに結びついて柔軟性を失う。年をとれば、誰しもそうなっていく。

ショ　はっきり言うな！　理系ってのは、ほんっとデリカシーがないわね。

博士　気にすることないと思うけどなぁ。

ショ　こうして目尻にシワができて、ほうれい線が刻まれ、この美貌も失われていくのよ……ああ、悲しすぎる。

博士　美貌……ですか……。

ショ　誰でも年はとっていくんだけどね。あなたが「夢をかなえる研究」をしてるっていうじゃない？　お母さんにその話をしたら、しみじみと、「じゃあ20代に戻ってみたいけどねえ……」って。

博士　不老不死は、始皇帝以来、人類の究極の夢だからねえ。**今から2200年前、秦の始皇帝は、不老不死の霊薬を求め、各地に臣下を派遣したとされる。当然、その夢は実現しなかった。**

ショ　こればっかりは、どうしようもないんだろうけどね。老化だけは、あらゆる生き物の宿命だし。

博士　……と思うでしょ？　実はそうでもないのよ。

ショ　え？　老化って止められるの？

博士　そのあたりの研究は今、ものすごい勢いで進んでるからね。中には、あと20年で人類は不老不死になる、なんてことを言ってる科学者もいるくらいで。

ショ　20年⁉　じゃああたしたちって、死ななくて済むの？

博士　まああと20年はさすがに極端だと思うけどね。でも、「不死」はともかく「不老」の方は、夢物語ではなくなってきてる。

ショ　いくら科学が進歩してるって言っても、やっぱりそれ、信じられないんだけど。

博士　でもさ、平均寿命は、昔から比べてずっと延びてるでしょ。「不老」が少しずつ実現してるとも言えるわけさ。

江戸時代に40歳程度であった日本人の平均寿命は、終戦直後に50歳、そして現在は83歳と、大幅に延びている。

ショ　でもそれって、「子どものうちに亡くなる人」が少なくなったからでしょ？　年をとらなくなったわけじゃないんじゃない？

博士　いや、でも俺が子どもの頃に比べても、見た目年齢はみんなずいぶん若くなってると思うよ。昔は50代でも腰の曲がった人がたくさんいたけど、今は70代、80代でもシャンとしてる人が多いじゃない。

ショ　そういえば、『サザエさん』のフネさんって、ずいぶんおばあさんなイメージだけど、もとは48歳っていう設定らしいね（注：アニメ版では52歳。ＨＰなどでは50ゥン歳となっている）。あの頃の48歳ってあんなものだったのよね、きっと。

博士　今の48歳なんて、みんな若いもんだよね。

ちなみに２０１５年に48歳を迎える有名人には、堀ちえみ、南野陽子、天海祐希、蓮舫、織田裕二、江口洋介、中山秀征、東野幸治、坂上忍、清原和博、武田修宏、松岡修造などがいる。

博士　日本人はもともと若く見える民族ではあるけど、何だかんだ言って環境がいいんだろうね。アンチエイジングということに関して、日本は世界でもトップをいってるんじゃないかな。

なぜ老化は起きるのか？

ショ　でもやっぱり、最後は年をとって死ぬのよね。なんでそんな悲しい仕組みになってるんだろうね。

博士　うーん、まさにそこがポイントで。動物はなぜ死ぬかってのは、現代科学の大問題でね。

ショ　どういうこと？

博士　動物には、種ごとに決まった寿命があるでしょ。でも、植物や微生物には、いわゆる寿命ってのがなさそうなやつが結構いるんだよ。

アメリカ・ユタ州のアメリカヤマナラシの群生

ショ　でも、木だっていつかは枯れるよ？

博士　枯れたように見える木でも、細胞単位では生きていて、挿し木するとまた増えたりするからね。そういう意味では植物には、動物で言うような「死」というのはないとも言える。

たとえばアメリカのユタ州にある「アメリカヤマナラシ」の群生は、一本の木から分かれて増えたものであり、少なくとも8万年前から生きていると見られる。微生物では、2億5千万年前の岩塩に閉じ込められていた細菌が、再び増殖を始めた例がある。

ショ　動物だって、死にたくて死ぬわけじゃないと思うけど。年をとっていろいろなところにガタがきて、最後に死ぬんじゃないの？

博士　実は、動物が死ぬということについては、大きく二つ説があってね。一つはショウコが言うように、いろいろなダメージが蓄積して最終的に死に至るという説。もう一つは、遺伝子に何らかのプログラムがあって、決まった寿命になると死ぬようにできているという説。

ショ　え、寿命ってもともと決まってるの？

博士　同じ動物でもさ、ネズミなら3年、犬なら10年、人間なら80年と、それぞれだいたいの寿命があるでしょ。種ごとに何かタイマーみたいなものがあって、それで死ぬまでの時間が決まっているんじゃないかってことだね。

ショ　タイマーなんてほんとにあるのかなあ。何かしっくりこないけど。

博士　たとえば、「早老症（そうろうしょう）」ってのを聞いたことない？

ショ　あ、前にテレビでやってた。10代なのに見た目も老けてしまって、内臓もすごいスピードで老化しちゃうとか……。

博士　早老症のメカニズムは完全にはわかっていないけど、遺伝子に変異が起きていることは確からしい。ってことは、遺伝子のどこかに老化を調節するタイマーがあるのかもと思えるわけよ。

ショ　早老症の人は、生まれつきそのタイマーがどうにかなっちゃってるのか。でも何だかすごく不思議……。

博士　あと、「テロメア」って言葉も聞いたことない？　これも寿命に関連してるんだけど。

ショ　何か難しい話になってきたわね。

テロメアは、いわば「生命の回数券」。染色体の末端の構造を指し、細胞分裂のたびにだんだん短くなっていく。テロメアの長さが一定以下になると、細胞はもはや分裂できなくなる。これがあるため、一つの細胞は50～70回分裂するのが限界とされる。

博士　まあ要するに、細胞一つ一つにも寿命があって、いつまでも活動できるわけじゃないってこと。

ショ　じゃあ、テロメアってのが尽きてなくなった時に、人間は死ぬってこと？

博士　いや、そう簡単でもない。関係はありそうだけど、テロメアが長い動物が必ずしも長生きだというわけでもないし。このへんは研究中だね、まだまだ。

ダメージの蓄積

ショ　でもやっぱり、さっき言ってた、「ダメージの蓄積で死んでいく」っていう話の方が、納得はいくな。

博士　うん、当然その可能性もある。たとえば、血管とか皮膚とかは、どうしても損傷を受けるから、年をとるにつれてその損傷が蓄積して、機能が低下していく。

ショ　皮膚が損傷かぁ……切ないわ。

博士　さっきちょっと触れた、コラーゲンが結びつく「クロスリンク」っていうのも、老化現象の一つなんだよね。

皮膚を作るコラーゲンは、線維状のタンパク質で、ところどころ線維同士が橋渡しして結合している。年をとると橋渡し結合が増え、皮膚や血管の柔軟性が失われていく。

ショ　なるほど、だから柔らかいお肌を保つには、コラーゲン料理を食べて、新しく補給してやればよい、と。じゃ、今夜はスッポン鍋だねっ☆!!

博士　……残念だけど、コラーゲンを食べても、肌がきれいになるってわけじゃないのよ。

ショ　ええっ!!　だって、コラーゲンって皮膚の成分なんでしょ。

博士　でもね、コラーゲンはタンパク質だから、消化の時に細かく分解されてから吸収されるわけね。食べたコラーゲンが、そのまま皮膚に行ってくれるわけじゃないの。

ショ　え……、でも、食べて体に入ってるんだから、何か効果があるんじゃないの？

博士　じゃあ、ハゲた人が髪の毛を食べたら、髪が生えてくると思う？

ショ　ぐぬう……なんて説得力なの……。じゃあ、コラーゲン入りの化粧品とかは？

博士　コラーゲン入りの化粧水を肌につけても、別にコラーゲンが皮膚組織にしみ込んでいくわけじゃないから、肌の質を根本的に改善してくれるわけじゃない。まあ、保湿性が高いから、皮膚の水分を保つためにはいいだろうけどね。

ショ　お肌のうるおいは大事だもんね。

博士　とにかく、そうやって血管が硬くなったり、内臓の機能が低下したりしていくのも、死へ近づく大きな要因ではあるだろうね。

ある科学者によれば、活性酸素などの影響で、主要な体内物質が損なわれていく速度を計算すると、人間の最大寿命は１２０歳程度になるという。実際、史上最長寿の記録は、フランスのジャンヌ・カルマンさんが持つ１２２歳だ。

ショ　ビタミンCとかポリフェノールとかは、活性酸素を消してくれるから老化予防にいいんでしょ？

博士　最近の研究によると、活性酸素はただの悪玉じゃないらしいんだ。体の修復機構を活性化させるとか、体にいい作用もあることがわかってきた。なので、活性酸素をとにかく減らせば長生きできるってほど、簡単な話じゃないみたい。

ショ　ややこしいのね。で、結局、ダメージが溜まるって話とタイマーが働くって話、どっちが本当なのよ。

博士　どっちもある程度、本当なんだと思われてる。ってことで、不老不死に近づくには、両方の要因を考えていかないとってことだね。

不老不死物質

ショ　で、それはわかったとして、長生きってできるようになるわけ？

博士　うん、それが今、すごく進歩しつつあるところで。どうやれば寿命が延びるかってのは、いろんな人がいろんな手を試してきた。

たとえば、加齢により減少してくる女性ホルモンなどを、人工的に投与して補う「ホルモン補充療法」は、若返りに有効として海外で広く行なわれた。しかし、弊害も少なくないことがわかり、近年は下火になっている。

博士　ただ、寿命を延ばす確実そうな手段が、一つだけ見つかってる。

ショ　なに!?　どうやるの??

博士　摂取カロリーを、通常の７割程度に抑えること。腹いっぱい食べるのは、長生きには良くないらしい。

カロリー制限により、昆虫からサルに至るまでの生物が、長生きになることが確認されている。人間での検証は難しいが、やはり長寿になると考える学者が多い。

ショ　え、ただ食べ物を減らすってこと？　何か地味……。もうちょっとすごい方法を想像してた。

博士　まあ真実ってのは、えてしてそう面白くはないものなのよ。

ショ　でも、食べ物がない時代の方が、平均寿命が長かったってことはないでしょ？　今の日本は栄養状態がいいから長生きなんじゃないの？

博士　そういう時代には、必要な栄養も足りてなかっただろうし、感染症などの病気で死ぬ確率も高かっただろうからね。他の条件は同じで、カロリーだけを制限した場合、寿命が延びるという話。

ショ 昔から「長寿の秘訣（ひけつ）は腹八分目」って言うけど、真実だったわけか。でも、どうしてそうなるの？

博士 ひとつの鍵を握るのは「サーチュイン」という遺伝子らしい。低カロリー状態に置かれると、このサーチュイン遺伝子が活性化して、いろいろな調節を行なう。体が「長生きモード」になるんだね。

ショ でも、お腹いっぱい食べて80年生きるのと、お腹をすかせて100年生きるのとでは、どっちがいいかっていうとね……。「お腹いっぱい食べて、100年」って方法はないの？

博士 そう来ると思った。実は、そういう方法も見つかりつつある。

ショ マジで！　どうすればいいの？

フレンチ・パラドックス

博士 まあ、順を追って話そうか。肉の脂身（あぶらみ）の食べすぎが、体に良くないのは知ってるよね。

ショ　もちろん。心筋梗塞、脳卒中……いろいろな病気の原因になるのよね。

博士　ところが、「フレンチ・パラドックス」っていう話がある。

フランス人は、体に悪いといわれる飽和脂肪酸をたくさん摂っているのに、狭心症や心筋梗塞になる人が他国に比べて少ない現象を指す。

博士　研究の結果、どうも彼らが赤ワインをたくさん飲んでるのがいいんじゃないかという話になった。

ショ　赤ワインって健康にいいって言うけど、やっぱりそうなのか。ポリフェノールとかいうやつが体にいいんでしょ？

博士　うん、中でも「レスベラトロール」という成分に効能があるんじゃないかということになってきた。

ショ　れすべら……ねえ、もうちょっとわかりやすい名前にしようよ。

博士　このレスベラトロールが、長寿の鍵である「サーチュイン」を活性化させるらしいんだ。

ショ　もうちょっとわかりやすくお願いできます？

博士　要は、レスベラトロールを摂れば、腹ペコじゃないとなれなかった長生きモードに、腹いっぱい食べてもなれるってこと。

ショ　素晴らしい。なんてこった！

博士　実際、昆虫からマウスに至るまで、レスベラトロールの投与で、30パーセント前後、寿命が延びることが報告されている。

高カロリー食を与えられたマウスは、糖尿病や脂肪肝になりやすいが、レスベラトロールを投与すると、これらの症状が抑えられ、太ったまま健康に長生きするらしい。

ショ　よっしゃ！　じゃ、ちょっと赤ワイン買ってくるね！

博士　いやいやちょっと待て、そう簡単じゃない。さっきのマウスの実験は、ワインだと、一日にグラス３００杯分くらいのレスベラトロールを投与してるんだ。

ショ　何だ、それじゃアルコール依存症になる方が先じゃない。

博士　赤ワインの効能についてはいろいろ異説もあるし、研究者がデータを捏造（ねつぞう）していたなんていう騒動もあった。否定的なデータも出ているし、「これだけで長生きに」というほど単純ではなさそうなんだ。レスベラトロールだけをサプリメントとして飲むのも流行りつつあるけれど、まだまだ人体での作用は未検証なところも多いから、今の段階で飲むのは、とてもおすすめできない。

現在、レスベラトロール類が人間の老化にどう作用するか、臨床試験が進行中である。しか

し老化の実験は20年、30年と時間がかかり、資金も必要となるので、そう簡単に結論は出ない。

イースター島の秘薬

ショ　でもそれだと、私たちが年をとるまでに間に合わないじゃない？　そういうのって若いうちに飲まないと効果ないんでしょ？

博士　実はもう一つ注目株がある。ショウコはイースター島って知ってるよね？

ショ　モアイがいる島でしょ、確か。

博士　そうそう。そこの土壌細菌から見つかった「ラパマイシン」っていう薬が、新しい長寿の鍵として注目されてる。

ショ　何だかもっともらしい感じね。

ラパマイシンは、免疫抑制作用・抗がん作用などを持ち、海外ではすでに医薬品として発売されている。

博士　で、そのラパマイシンを、人間で言えば60歳くらいのマウスに飲ませてみたら、1割以上寿命が延びたらしい。

ショ　お、年寄りが飲んでも効果あり！

博士　まあ、ちょっとこの薬自体は副作用が強いから、そのまま長寿薬にはなりそうにないけど、その作用を調べていくことで抗老化薬に結びつくかも、という段階だね。

ショ　いけそうな感じなの⁉

博士　最近では、ラパマイシンにちょっと近い作用をもつ「メトホルミン」という薬が候補に挙がってる。これは糖尿病の薬として実績があるんで、安全性は高いし期待できるかな。

「iPS細胞」の開く未来

ショ　でも、そうやって老化のタイマーをどうにかしても、心臓や血管が弱ったりっていうのは、結局起こるわけでしょ？

博士　そこで「iPS細胞」なわけですよ。

山中伸弥教授の開発したiPS細胞は、いわば細胞の年齢をゼロに戻してしまう技術。ここから、体を構成する各種細胞に「分化」させることができる。

博士　つまり年をとって内臓のどこかが悪くなったら、皮膚か何かからiPS細胞を作って、臓器を作り直せるわけよ。

ショ　え!!　じゃあ、永遠に若返りが可能ってことになるの？

博士　まあ、理屈の上ではね。もちろん、ｉＰＳ細胞にはまだまだ技術的課題も多いし、臓器を作り直すのは、また別のレベルの技術になるけどね。ただ、そこへ至る一番大きな扉は開かれたと言えるんじゃないかな。俺らが年をとる頃には、平均寿命が１００歳を超えるなんてこともあるかもね。

ショ　すご……そりゃ、ノーベル賞だわ。

博士　ある意味、細胞レベルでは不老不死を実現したのに近いからね。生命の歴史が変わるくらいの衝撃だよ、これは。

ショ　いやあ……、私の知らないところで、科学はとんでもないことになってるのねえ……。でも、不老が実現したら、お年寄りばっかりになって、社会の仕組みまで全部変わっちゃうでしょ。そもそも、人類が寿命をいじるなんてこと、しちゃっていいのかしら。

博士　まさにその点は大問題で、この技術はあまりに、社会的・倫理的影響が大きい。もちろん、そういった面の議論も進んではいるけれど、ｉＰＳ細胞みたいな技術の開発によって、一夜にして情勢が大きく変わることもありうる。山中教授のノーベル賞、そして「ＳＴＡＰ

細胞」の騒動は、こういうことを考えるいい機会だったんだけどね。

ショ　何だかワイドショー的な騒動の方に注目がいっちゃったもんね。

博士　ほんとに、もっと社会が目を向けるべき課題だと思いますよ、これは。

最近
抜け毛が
気になるなぁ…
これも
老化現象かなぁ
大丈夫
科学の進歩で
いつかこの抜け毛が
あなたの
若返りに
役立つ日が来るわ

第3話 「宇宙旅行」に行けますか⁉

（ピンポーン）

サトウ博士（以下博士） はいはーい。（ドアを開けて）お、何だ川上じゃん。どうしたの？

川上 どうもこんちはっす。

ショウコ（以下ショヨ） あなたどうしたの？ お客さん？

博士 ああ、大学の後輩の川上君。春からうちの研究所に来ることになったんだけど。そうか、このマンションに住むの？

川上　はい、先輩がいれば何かと安心かな、と。引っ越しがようやく片づいたんで、ごあいさつに来ました。

博士　そっか、まあ上がっていけよ。

川上　じゃ、ちょっと失礼します。

ショ　主人がいつもお世話になっております。はい、お茶でもどうぞ。

博士　川上は面白い経歴の持ち主でね。宇宙飛行士に応募したことがあるんだよね。

ショ　へーっ、すごい！　私も宇宙って、行ってみたいんですよ!!

川上　僕も、子どもの頃からの夢なんです。それで宇宙関係の研究をしてたんですが、やっぱり、どうしても自分自身で宇宙に行ってみたくって。

ショ　私、サラ・ブライトマンって歌手が好きなんですけど、今度、宇宙に行くことになったってニュースになってましたよね。

サラ・ブライトマンはイギリス出身、1960年生まれの歌手・女優。ポップスとクラシックを融合させたスタイルで、世界で最も成功したソプラノ歌手の一人と言われる。

博士　へ!?　あの人が宇宙に？

ショ　うん、アポロの月面着陸を見て、小さい頃から憧れてたんだって。

6カ月の訓練を受け、ロシアの宇宙船で2015年10月に出発し、宇宙でコンサートも行なう予定だ。費用は40億円とも言われる。

ショ 気持ちはわかるなー。宇宙から青い地球を見ると、世界観が変わるって言うじゃない?

博士 しかし、お金さえ出せば宇宙旅行もできる時代なんだな。

川上 そうなんですよね。地球から飛び立ってみたいってのは、人類の長年の夢だと思うんですよ。せっかくそれができる時代になったんだから、チャレンジしてみたいじゃないですか!

宇宙飛行士の資格

ショ 宇宙飛行士の試験って、どんなものなんですか? やっぱり体力がないとダメ?

川上 いや、ずば抜けた身体能力がないと受からない、ってわけじゃないです。非常に健康であること、それと人間としての総合力みたいなところを問われます。

博士 宇宙に一度行っちゃうと、医者にかかるわけにいかないから、健康は絶対条件だろうけどね。しかし総合力ってのは、どんなもの?

川上　宇宙飛行士ってのは、一つのミスで全員の命を危険にさらすこともあるわけですから、常に注意力や冷静な判断力が求められます。

ショ　うーん、キツそう。

川上　そう、非常にストレスがかかるんですよ。ですから忍耐力も必要だし、周りの人に余計な不快感を与えるような人もまずいわけです。

ショ　狭い宇宙船の中で、毎日限られたメンバーと顔を突き合わせて過ごすっていうだけで、すごいストレスでしょうね。

川上　宇宙船の中ってすごく臭いらしいですよ。みんなずっと風呂に入れないし、空気も入れ換えられないですから。

ショ　うわー、私ダメかも。

川上　なので、中国の宇宙飛行士の条件には、「体臭が薄いこと」ってのが入っているそうです。

その他、集中力、リーダーシップ、チームワーク、語学力、機械操縦の技術、科学知識なども当然求められる。

博士　そういうのは、やっぱり面接とかテストで判断されるの？

川上　ええ。たとえば、チームでロボットを作ってプレゼンするとか、制限時間内に千羽鶴を折るなんて試験もあります。そういう中で、わざとトラブルに直面させて、どう対処するかを見たりとか、急に一発芸をやらせてみたりとか、ありとあらゆる角度から「人間力」を試されます。あらゆる選抜試験の中で、一番難しい試験と言われるくらいです。

博士　へーっ、面白いなあ。

化学と宇宙飛行

ショ　でも川上さん、今は宇宙関係の研究をしてるって言ってたけど、化学と宇宙って関係あるんですか？

川上　大いにありますよ。ロケットは化学反応のエネルギーで飛ぶわけだし、真空の宇宙空間や、大気圏突入時の高熱に耐える材料を作るのも、化学の仕事ですから。

ショ　でも、人類が月に行ったのって、私たちが生まれる前ですよね？　子どもの頃、21世紀には火星や木星まで行けると思ってたのに、どうしてまだ全然、宇宙に行けないんですか？　技術はあれからずいぶん進歩してるんでしょ？

アポロ11号で月面に到着したE.オルドリン

アポロ11号が月へ到達したのは、1969年7月のこと。搭載していたコンピュータの性能は、ファミコン以下であったとも言われる。ロケットの材質、姿勢制御技術なども、半世紀近くの間に長足の進歩を遂げている。

川上　それはよく聞かれます。簡単に言えば、えらく金がかかるからです。ちなみにショウコさん、地球から宇宙の距離って、どれくらいか知ってます？

ショ　え、どうなんだろ。1万キロとか？

川上　アハハ。空気のなくなる高さからが宇宙だとすると、高度100キロメートルくらいからが宇宙になりますね。

ショ　えっ、そんなものなんだ。

博士　東京から宇都宮くらいってことか。

ショ　あのさ、夢がなくなるからそういう言い方しないでよ。

川上　サラ・ブライトマンさんが行く国際宇宙ステーションは、地上400キロメートルくらいの高さを回ってます。

博士　つまり、東京から神戸くらいだね。

ショ　だーかーら、そういうこと言わないの！　でも、そう思うと、距離だけで言ったらそう遠いわけではないのね、宇宙って。

川上　そうなんです。ただ、横に行くのは簡単でも、上に行くのは難しい。地球の重力に勝たないといけませんから。

宇宙ステーションに到達するためには、秒速7・8キロメートル、地球の重力を振り切って飛び出すためには、秒速11・2キロメートル以上の速度が必要になる。

川上　ジャンボジェットの、ざっと40倍のスピードですね。東京－青森間を1分足らずで飛んでしまうくらい。

ショ　無茶苦茶だわ……。

川上　その無茶苦茶をやるために、無茶苦茶な燃料が必要になるわけです。たとえば液体燃料というやつはですね……。

ショ　（研究者って人種はみんなおとなしそうに見えて、自分の仕事を語り出すと止まらないのよね、やっぱり……。）

四酸化二窒素

博士　ん？　何か言った？
ショ　あ、いえいえ何でもないです。それで？
川上　たとえば、四酸化二窒素という物質があります。これは酸素原子と窒素原子がくっついてるんですが、この組み合わせは相性が悪いので、何とか離れようとします。そこに「ヒドラジン」という化合物を加えてやると、離れて組み替わる反応が起きるので、そのエネルギーが推進力になります。
博士　うわっ、ヒドラジンなんか使うんだ。
ショ　何それ？　危ないの⁉
博士　俺らも実験でたまに使うけど、毒性も爆発性もあるんで、あまり使いたくない試薬だな。
ショ　そんなものを使わないといけないの⁇
博士　まあ、危険なものを使うくらいでないと、宇宙までは行けないよね。
川上　ただやはり、危険な薬品を大量に使ってるっていうのは、大きな問題ではあるんです。スペースシャトルなどは、着陸してからもしばらくは、人が近づいてはいけなかったそうです。ヒドラジンが漏れていると、中毒の危険がありますから。

その他、ロケットの推進剤にはさまざまなものがあるが、爆発などの危険を伴い、環境にも大きな負荷があることは変わりない。

宇宙へ行く材料

川上　ってことで、できるだけ燃料は減らしたい。となると、機体を軽くすることが重要になります。

ショ　でも、宇宙に行くロケットを、そんなペラッペラにするわけにもいかないんでしょう?

川上　まさにそのとおりです。宇宙空間だと、日の当たらない側はマイナス１００度以下ですし、当たる側は１７０度くらいになる。過酷な条件に耐えつつ、軽くしなきゃいけないんで、この世で一番難しいものづくりかもしれません。

博士　宇宙船の外壁は何でできてるの?

川上　スペースシャトルの場合、基本的に、機体は軽くて丈夫なアルミニウムで作られてます。ただ、熱には強くない。

ショ　溶けちゃう？

川上　そう。なので、ガラス繊維を使った耐熱タイルを表面に貼ってました。ただ、これがあまりいい手ではなかった。

スペースシャトルには、２万５０００枚にも及ぶ、微妙に形の違ったタイルを手作業で貼り付けていた。しかしこれが飛行中に剥がれ、重大なトラブルのもとともなった。

博士　日本の小惑星探査機「はやぶさ」も、小惑星の砂を採って還ってきたよね？　あれの機体は何でできてるのかな？

川上　砂を入れたカプセルは金属製ですが、周りが「ＣＦＲＰ」というもので覆われていました。大気圏突入の時には３０００度にもなるので、表面の部分から溶けてしまうんですけど、それによって大事なカプセルを守るわけです。

ショ　自己犠牲で中身を守るわけね。ところでＣＦＲＰというのは何ですか？

川上　炭素繊維強化プラスチックのことです。炭素繊維という、非常に軽くて丈夫な繊維が芯になったプラスチックですね。鉄筋コンクリートと同じような原理で、強い材料になります。

ＣＦＲＰは軽量・高強度を誇り、ゴルフクラブ、ヘルメットから航空機、宇宙船に至るまで、

幅広く用いられている、日本が誇る材料の一つ。最新鋭のボーイング787は、機体の大半が炭素繊維の複合材料と言ってもいいほどだ。

エレベータで格安宇宙旅行

ショ まあそうやって聞いてくると、宇宙旅行が高くつくのも当然か。

川上 ロケット打ち上げ一回につき、ざっと100億円、しかも一度きりの使い捨てですからね。

博士 コンピュータなんかは進歩しても、ロケットの材質とか燃料とかに金がかかるのは、アポロの頃も今もそう変わりはないもんね。

川上 あの頃は米ソの競争意識があったから、無制限にお金が出たんです。

ショ やはり庶民に宇宙旅行は無理か。

博士 いや、そうとも言えなくなるかもしれないよ。ショウコは、宇宙エレベータって聞いたことない？

ショ 何それ？　宇宙まで上がっていくエレベータってこと？

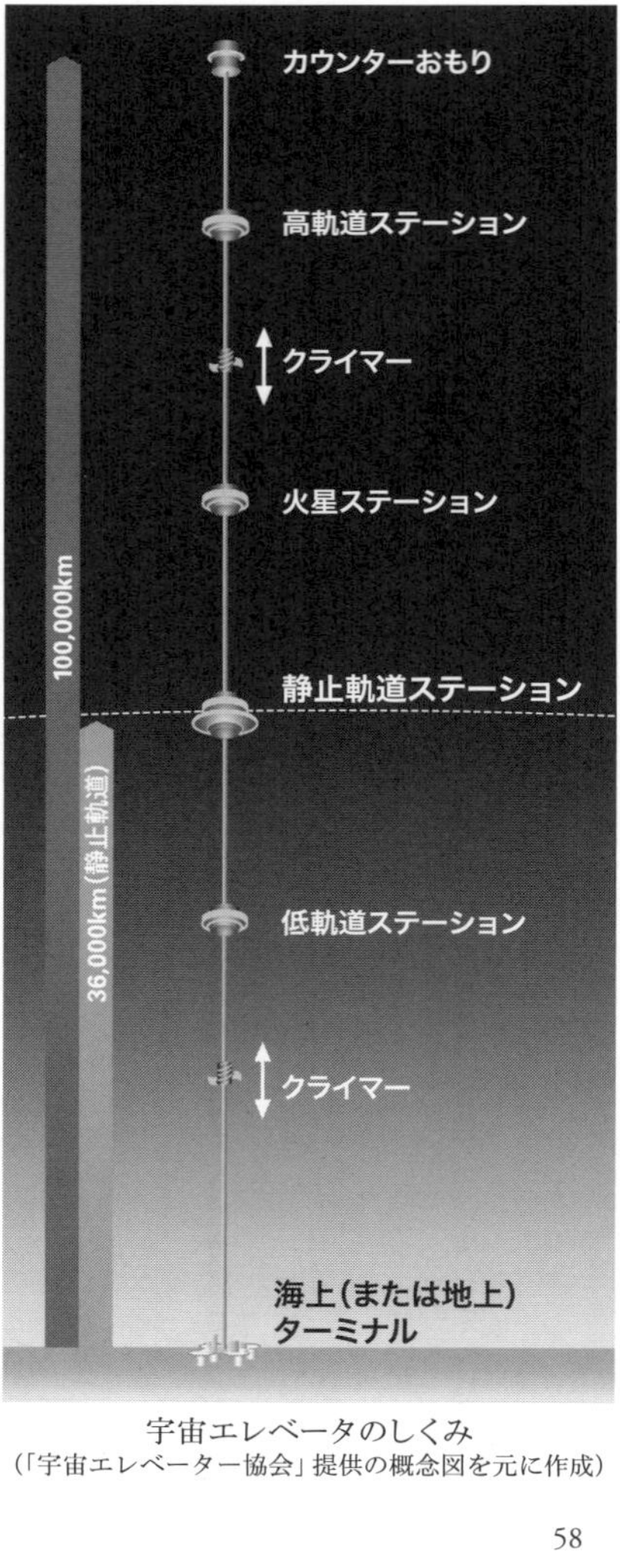

宇宙エレベータのしくみ
（「宇宙エレベーター協会」提供の概念図を元に作成）

博士　当たり。宇宙までケーブルを延ばして、それを伝って上っていけば、高価で環境にも悪いロケットを、毎回打ち上げなくて済む。

ショ　宇宙まで？　そりゃいくら何でも無理でしょ。東京スカイツリーでも６３４メートルだよ？　何百キロ上の宇宙に届くケーブルなんか、作れっこないじゃん。

川上　今、僕たちが考えている宇宙エレベータは、何百じゃなく10万キロメートルの高さにまでケーブルを延ばす予定です。

ショ　ええっ、10万キロ!?　だって、地球の大きさって……。

博士　地球の直径が1万3000キロくらいだから、その約8倍だね。

ショ　サラッと言うけど、そんなに長いケーブルなんて無理でしょ??　すぐに切れるか折れるかするんじゃない?

川上　ええ、もちろん、それが問題で。宇宙エレベータの着想はかなり古くからあったんですけど、そんなケーブルを作れるわけないじゃん、で終わってました。

宇宙エレベータの発想は、すでに19世紀末に提案されている。SF作家アーサー・C・クラークの作品『楽園の泉』(1979)で有名になり、2009年には『機動戦士ガンダム00』にも登場した。

『楽園の泉』(ハヤカワ文庫 SF 版)

博士　アイディアはあっても、強い材料が手に入らなかったってわけか。

細長い材質を上から吊(つる)すと、ある長さになったところで、自重(じじゅう)で切れてしまう。この数値を「破断長(はだんちょう)」と言う。強い材料の代表である鉄でも、

50キロメートルほどの長さにすると、切れて倒れてしまう。

ショ　鉄でも50キロが限界だったら、10万キロなんて、夢のまた夢じゃない。

博士　ケブラー繊維とかはどのくらい？

川上　防弾チョッキなんかに使う、軽くて強靱（きょうじん）な合成繊維ですね。それでも200キロメートルくらいですね。

博士　全然ケタが違うか。

川上　でも、宇宙空間は重力がないので、地上よりはだいぶ負荷が低くなります。いろいろ計算すると、地上で5000キロメートルくらいの破断長を持つ物質ならば、宇宙エレベータに使えそうなんです。

ナノチューブ登場

ショ　そんな材料があるんですか？

川上　はい。「カーボンナノチューブ」ってやつです。炭素が細長い筒状になった物質です。

ショ　さっきの炭素繊維に続き、これも炭素か。

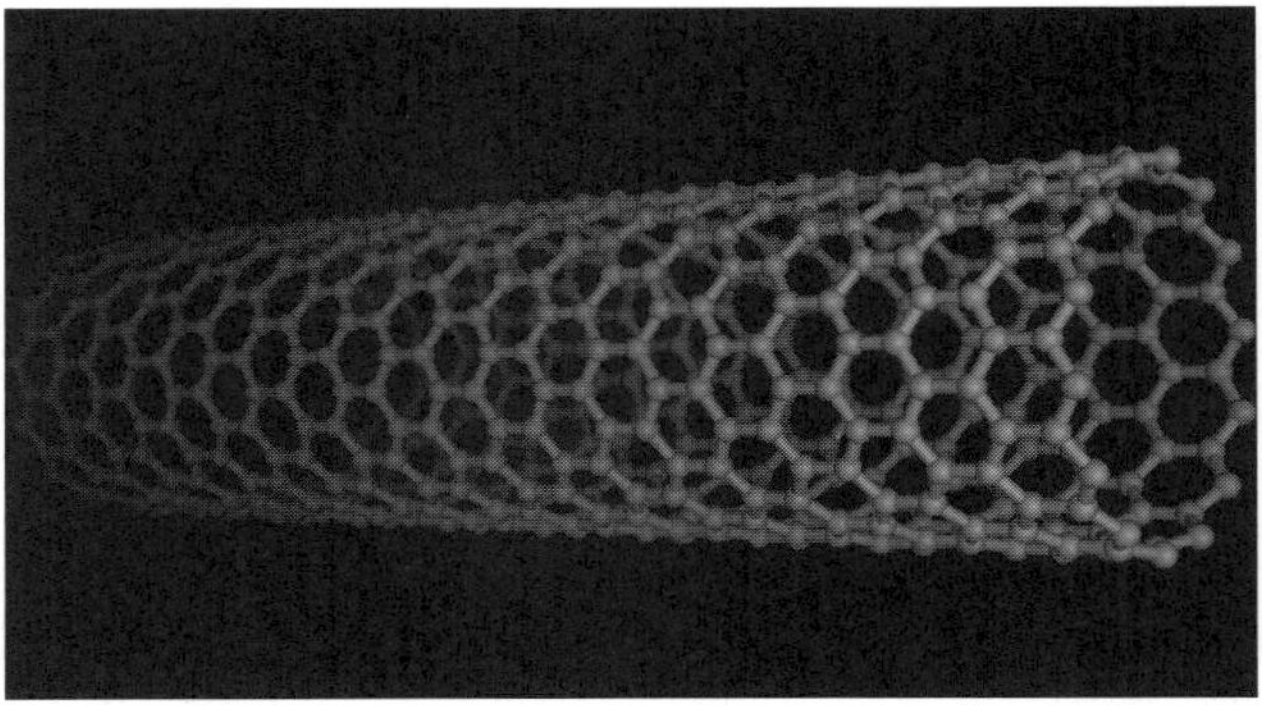

カーボンナノチューブ

博士　炭素同士の結合ってのは、あらゆる原子の結合の中で一番強いからね。その結合で全体が出来上がったカーボンナノチューブは、理論的にも最強の材料だね。

川上　人類は今後何百年かかっても、これ以上の物質を創り出すことはできないだろうと言う人さえいます。

ショ　そんなにすごいものなの？

博士　電子材料としても期待されていて、コンピュータを今の１０００倍も高性能にできるなんて話もある。

ショ　そのわりに、あまり名前を聞いたことがないけど……。

川上　発見者は飯島澄男先生という人なんですが、なんでノーベル賞を取らないのか、現代の七不思議の一つなんですよ。

ショ　日本人なんだ‼　すごい人がいるんだなあ、やっぱり……。

博士　純粋なナノチューブを作るのが難しくて、応用がなかなか進んでいなかったので、一般的な知名度はあまり高くないのかな。でも最近は、太陽電池やら車のバンパーやらに使われ始めたから、そろそろ賞の方も期待したいね。

川上　iPS細胞もそうだったけど、やはりノーベル賞を取ると注目が集まって、わっと物事が進みますからね。

ショ　で、そのナノチューブってのを使うと、宇宙に行けそうなんですか？

川上　さっき、破断長が5000キロメートルあると使えそうと言いましたけど、カーボンナノチューブの破断長は、理論上、1万〜10万キロと言われます。

ショ　おお、それなら余裕だ！

川上　傷や欠陥のないナノチューブのロープを作ることができたら、直径1センチで1200トンを吊り上げられる計算になります。

博士　ただ、欠陥のない長いナノチューブを作るのが、まだ難しいんだよね。

川上　ええ、今のところ、長さが数ミリとか数センチとかいう段階で。まあいずれ、そのあたりは解決されるとは思うんですが。

直径やねじれ具合の揃ったカーボンナノチューブの合成は今まで難しかったが、筒状構造を持った「種」から成長させることで、性質を揃えて作る技術が開発されつつある。近い将来、高性能のカーボンナノチューブが多量に手に入るようになるかもしれない。

実現は可能か?

ショ　でも、長いやつができたとして、それをうまく立てられるんですか?

川上　今のところ考えられているのは、宇宙船からカーボンナノチューブのロープを地上へ垂らして、これを足がかりに太いケーブルに仕立てていく方法です。場所は、重力の関係で赤道付近がいいです。どこか海の上ですかね。

博士　なるほど。しかし、理屈はわかるけど、大変そうだなあ。建造費はどれくらいかかりそうなの?

川上　ざっと1兆円と言われています。

ショ　うわ。ロケットの100倍もかかるじゃないですか。

川上　でも、一度作っちゃえば、その後は安く大量に、人や物を宇宙へ送れますし。

軌道エレベータによって宇宙ステーションの高さまで物を送るのに、1キログラムあたり数千円の電気代で済むとの試算もある。

博士　新東名高速道路の総建設費用は４兆４０００億円らしいから、その何分の１かで宇宙に行けるなら、安いもんだと言えるかもな。

川上　ケーブルが届かないほど遠くへ行く宇宙船も、エレベータで宇宙空間にまで上げてから発射すれば、ずっと安く、またロケットの大きさも小さくて済みます。月や火星への旅行とか、資源を採取してくることも、夢じゃないですよ。

ショ　夢はあるなあ、そう聞くと。

博士　と言っても、問題はカーボンナノチューブの製法だけじゃないんでしょ？　まだまだ課題はありそうだけど。

川上　はい。たとえば宇宙エレベータは、上げるより下ろす方が難しいんです。

ショ　ただ、つーっと降りてくればよさそうだけど、そういうものでもないってこと？

川上　それだととんでもないスピードになりますから、きちんとブレーキをかけてやらないといけない。しかし、その時に発生する摩擦熱（まさつねつ）が問題になります。

博士　車のブレーキでも摩擦熱は出ると思うけど、どう違うの？

川上　車のブレーキは、走りながら空気で冷やせるんですけど、真空の宇宙空間では、熱を奪（うば）ってくれるものがありません。実はこの熱の処理が、結構難題です。

ショ　ケーブルが切れたら大変なことになりそうだけど。

川上　それも大問題です。飛行機や、人工衛星の破片なんかの衝突の可能性もありますし、宇宙線や日光による劣化も起きます。

博士　メンテナンスも大変だろうしねえ。

川上　作っていくうちにも思わぬ問題は出てくるでしょうけど、何とかできると信じて研究しています。人類はどんな不可能だって成し遂げてきたんですから。

博士　おお、頼もしいね。で、宇宙エレベータはいつ頃できそうなの？

川上　２０５０年とか言ってますけどね。何とか一日でも早くと思ってます。

博士　うーん、俺はその頃、まだ生きてるかな。ぜひ長生きして見届けないとね。

川上　もう人類にとって、地球はだいぶ手狭（てぜま）ですからね。どこかで宇宙に出て行かなきゃいけない宿命だと思うんです。なるべく安く、速く、楽に、環境に優しい方法で宇宙に行けるよう頑張ってますんで、応援いただければと。

シヨ　私でも宇宙旅行に行ける日まで、ぜひ頑張ってください！

東京スカイツリー（634m）のエレベータの料金が2060円だから…
宇宙ステーション10万kmのエレベータでは…
約3億2千万円!!?
宇宙エレベータ
10万km
だから…夢のないことは止めてくださ～い
川上君

第4話 「モテる薬」はできますか?

ショウコ(以下ショ) 2人でデパートなんて久しぶりね。あっ! アクセサリー売り場! ちょっと見ていこうよ!

サトウ博士(以下博士) 見てもいいけど買わないよ? ……あれっ、中井じゃん、どうしたのこんなとこで。

ショ あら知り合いの方? 初めまして。

博士 こちら、うちの研究所の中井君。若手の有望株だよ。

中井　あっ、サトウさんこんちはっす。
博士　どうしたんだよ、一人でアクセサリー売り場なんかで。
中井　あ、いやいや、これはその……。
ショ　誰か好きな娘にプレゼントでもするの？　お見立てしましょうか？
中井　あ、いや、そんなんじゃ……。
博士　あ、もしかして事務の相沢さん目当て？　この間、親しそうに話してたけど……。
中井　わぁ！　なんでわかるんですか⁉　秘密にしといてください、お願いします！
博士　ははは、相沢さんはいいよね。美人でよく気も回るしねえ。
ショ　へーっ、中井さんも背が高くてイケメンだから、いけますよきっと。
中井　いやあ、それが……。理系の大学も研究所も、女性は少ないんで、あまりこういうことには慣れていなくて……。
博士　まあ理系の男は、気の利いた店に連れてったりとか、女性を喜ばせるような能はないよねえ、一般に。
ショ　私は好きだけどな、理系の男性。浮気はしないし、マジメだし。
博士　ただ、それが世間一般の女性にモテるかと言うと……。

中井　自信ないんですよ……相沢さんは人気ありそうだし。
博士　いやいや、お前ならいけるって！
ショ　あ、これなんかかわいいと思いますよ。ピンクのブレスレット。
博士　ピンクは、ストレスを抑えるホルモンや、女性ホルモンであるエストロゲンの働きを高めるらしい。プレゼントにはいいかもね。
ショ　またそういう面倒な理屈を……。「かわいいから好き」でいいじゃない。
中井　いやあ、でもこんなの、いきなりプレゼントしても引かれますよねえ……。

フェロモンの力

博士　中井のやつ、相当悩んでるようだったなあ。純情だからねえ、あいつ。
ショ　ちょっと力になってあげたら？　よさそうな人じゃない、中井さんって。
博士　と言っても、俺も女心なんてよくわかっているわけじゃないからなあ。やはりここは、化学の力でモテる方法でも考えてみるか。
ショ　またそういうことを……。もう少し普通の手立てを考えてよ。デートのお膳立てとか、いろいろあるでしょ。

博士　俺がそんなことできないのは、ショウコが一番よく知ってるだろ？　それに、モテる薬なんてものを真面目に考えるところから、科学の進歩が始まるわけだよ。よっしゃ、ちょっと調べてみるか！

ショ　あーあ、変な感じに火がついた（笑）。

（数日後）

博士　というわけで、フェロモンについて調べてみた。いろんな生物がフェロモンを活用して繁殖を行なっている。

フェロモンと言うと、一般に思いつくのは異性を惹きつける「性フェロモン」だが、他にも、餌のありかを仲間に知らせる「道しるべフェロモン」、外敵の存在を知らせる「警報フェロモン」など、さまざまな種類がある。

博士　フェロモンの力ってのはすごくて、たとえばチャバネゴキブリの性フェロモンは、たったの1億分の1グラムで、十分オスを惹きつけるんだって。1グラムもあれば、街中のゴキブリが集まってきちゃうかも。

ショ　なんでそういうおぞましい話をするのよ……。聞いただけで寒気がするっ。

博士　構造は簡単だから、半日で合成できるよ。ちょっと作ってみようか？

ショ　そんなもん持って帰ってきたら、離婚だからね!!　離婚５回！

博士　ははは。でも、役に立つ使い道もあるんだよ、こういうのは。

フェロモンは微量で虫を誘引できるため、まとめて害虫だけを捕獲することができる。そのため、通常の農薬の使用量を節減できる。しかもフェロモンは、種ごとに異なるため、狙った害虫以外の生物にはほとんど影響が及ばない。

惚れ薬の正体？

ショ　でも、フェロモンなんて出すのは虫だけでしょ？

博士　他の生き物にもフェロモンはあるんだよ、実は。たとえばイモリなんか。

ショ　イモリって、黒焼きにすると惚(ほ)れ薬になるとかいうやつだよね？

博士　そうそう。それが迷信かと思いきや、性フェロモンを出す生き物だってことが最近わかった。そのフェロモン物質は、「ソデフリン」と名づけられてる。

ショ　袖不倫？

博士　いや、昔は「袖を振る」というのは、異性を誘惑する意味合いがあったんで、それにちなんで名づけられたらしい。

ソデフリンは、早稲田大学のグループによって発見された。額田王（ぬかたのおおきみ）の有名な歌「あかねさす　紫野（むらさきの）行き標野（しめの）行き　野守（のもり）は見ずや　君が袖振る」にも、「袖振り」が歌われている。

ショ　へーっ、なかなかシャレてるじゃない。あなたも今度何か面白いものを作ったら、素敵な名前をつけてよ。

博士　そうだねえ。研究者は真面目だから、そういうシャレたことを研究に持ち込みたがらない人も多いけど、話題にもなるしね。俺も何か考えてみようかな。

ショ　イモリ以外にもフェロモンを出す動物っているの？

博士　マウスなんかは、涙に含まれるフェロモンで交信してるらしい。

マウスはオスとメスが出会うと、顔をこすり合わせるようなあいさつ行動をする。この時に、オスの涙に含まれるフェロモンがメスに感知されて、性行動を促進する。

ショ　人間の場合「涙は女の武器」だけど、ネズミの場合は「男の武器」なのね。人間の涙にもフェロモンが入ってるの？

博士　今のところ見つかっていないね。マウスの涙のフェロモンに関する遺伝子は、人間ではもう退化しちゃってるらしい。でも、何らかの成分が涙に含まれてるんじゃないかとは、思いたくなるよね。

ショ　涙って、人の心を揺り動かす力があるもんね。

マイケル・ファラデーという19世紀の化学者は、「母親の涙も、化学的に分析すれば少量の塩分と水分にすぎない。しかし、その涙の中には、化学も分析し得ない『深い愛情』がこもっていることを知らねばならぬ」という名文句を残している。『深い愛情』の正体は、実はフェロモンなのかもしれない。

人間にフェロモンはある？

ショ　イモリやマウスはともかく、人間にもフェロモンなんてあるの？

博士　人間にも、いろいろな作用を持つフェロモンは存在しているらしい。「寄宿舎効果」って言葉、聞いたことある？

複数の女性が同居している寄宿舎のような環境において、月経の周期が同調してくる現象を指す。古くから知られるが、詳しく研究されたのは１９７０年代からである。

ショ　「生理がうつる」っていう話はよく聞くよね。それってフェロモンのせいなの？

博士　月経期間中の女性の脇の汗を、別の女性の鼻の下に塗っておくと、月経のタイミングが変わってくるらしい。何かの成分が、女性の脇の汗に含まれているんだろうけど、正体はまだ不明。

ショ　脇の汗って、ちょっとやあね（笑）。でも、そういうことがあっても不思議はない気はするな。

博士　まあこれも、親しい友人間だと同調が起こりやすいけれど、親しくないとあまりこの効果は起きない、なんていう報告もあるんで、あまり簡単な話じゃなさそうではあるな。ただ、人体から出る何らかの物質が、他の人に作用を及ぼすことがあるのは、間違いなさそうだね。

ショ　他にもフェロモンらしいものってあるの？

博士　もうちょっと面白い事例もあってね。たとえば、試験直前の緊張した人の汗と、スポーツをした人の汗を集めてきて、他の人にそのにおいの区別がつけられるかどうかを試した人がいる。

ショ　嗅ぎ分けられるの？

博士　いや、正解率は五分五分。つまり嗅ぎ分けはできなかった。

ショ　なーんだ。

博士　ところが、嗅いでいる時の脳をスキャンしてみたら、活性化されてる場所が違ったんだ。意識はしないけど、脳の中ではちゃんと区別をつけているらしい。

ショ　へーっ、なんでそうなるんだろ？

博士　実は、緊張している時の汗を嗅いだ人は、脳の中でも「島皮質（とうひしつ）」という、不安を司（つかさど）る部位に反応があった。つまり、緊張は伝染するということらしい。

ショ　あー、そういえば、子どもの頃、注射をしてる子を見ると、こっちまで痛くなった。

博士　植物でも同じような話はあってね。「オシメン」という物質があるんだけど。

ショ　オシメンって、「ＡＫＢ48では俺はまゆゆ推（お）し」とかいうやつ？

博士　それは「推しメンバー」ね。このオシメンてのは、植物の「悲鳴物質」として働く物質。

ある種の植物にハダニという虫がつくと、樹液を吸われて枯れてしまう。そこで、植物がこのオシメンを放出すると、ハダニの天敵の虫（チリカブリダニ）がこれに惹かれてやってきて、ハダニを退治してくれる。いわば、植物が襲われてオシメンという「悲鳴」をあげると、

ハダニを捕食する天敵チリカブリダニ
（写真提供：アリスタ　ライフサイエンス㈱）

ボディガードが飛んでくるという仕掛けである。

博士　で、面白いのは、ハダニに食われた植物がオシメンを放出すると、まだ食われてない他の植物もそれを感知して、一斉にオシメンを出し始めるんだって。

ショ　へーっ！　すごい。植物も会話してるってことか。黙って生えてたら食べられるだけだから、いろいろ工夫してるのね。

博士　そういうこと。人間の緊張や不安が伝染するのも、敵や災害に襲われた時に、全体で警戒を強めるためなのかもね。

下心は見抜かれている？

博士　人間が汗の種類を嗅ぎ分けているって話には続きがあってね。男性に、ある二つのビデオを見てもらって、その後の汗を女性に嗅いでもらうという実験をした人がいる。

ショ　何のビデオ⁇

博士　片方は教育番組、もう片方はアダルトビデオ。

ショ　ひゃははは！　ひどい実験するなあ〜。で、女性は嗅ぎ分けできたの？

博士　さっきの実験と同じで、においとしては嗅ぎ分けができなかったんだけど、やはり脳の活動部位が違っていたんだって。つまり、女性側の意識に上るわけではないけれど、無意識レベルでは、男の性的興奮は見抜かれちゃってるってことだね。

ショ　そっかあ……。男性が自分に惚れているかどうかがわかる「女の勘（かん）」ってのは、そういうことなのかもねえ。

博士　妻は夫の浮気をすぐに見抜くけど、夫の方は妻の浮気になかなか気づかないってのは、フェロモンのせいなのかもしれないね。

ショ　ふふふ。というわけで、浮気なんかしてもすぐバレるから、そのつもりでね！

博士　はいはい。そういう柄（がら）じゃないってのはわかってるでしょ。

ショ　他にもそういうフェロモンらしきものってあるの？

博士　俺が聞いたことがあるのはその程度だけど、これからも見つかる可能性はある。スポーツや映画を部屋で一人で見るより、スタジアムや映画館で他の人たちと見る方がずっと興奮するでしょ。こういった現象も、そういうフェロモンみたいな物質のおかげなのかもね。

フェロモン香水は効くか?

ショ　で、肝心の惚れさせるフェロモンっていうのは、人間にもあるの?

博士　候補物質までは見つかってきている。**候補に挙がっている物質に、「アンドロステノン」というものがある。オスブタが発するフェロモンで、これを嗅ぐとメスブタは、交尾姿勢をとることが知られている。**

ショ　でもそれは、ブタのフェロモンで、人間のではないんでしょ? オスブタに近づくたびに、人間の女性が興奮してたら大変よ。

博士　おっしゃるとおり。ただこの物質は、男性ホルモンが変化してできるんで、何かホルモン的作用を持っていそうではある。あと、この物質にはにおいがあるんだけど、人によってそのにおいの受け取り方が全然違うらしい。

ショ　どういうこと?

博士　俺もいっぺん嗅いだんだけど、汗とかおしっこみたいな、すごく嫌なにおいに感じた。

ところが人によっては、これを「甘い花のような香りだ」とか、「爽（さわ）やかな森林のような香りだ」と感じる人がいるんだって。で、このにおいの感じ方は、遺伝子によって決まっていることがわかったんだ。

ショ　へーっ。そういえばテレビで「女性は相手のにおいで、自分に合った男性かどうかを本能的に判断してる」って言ってたけど、そういうこと？

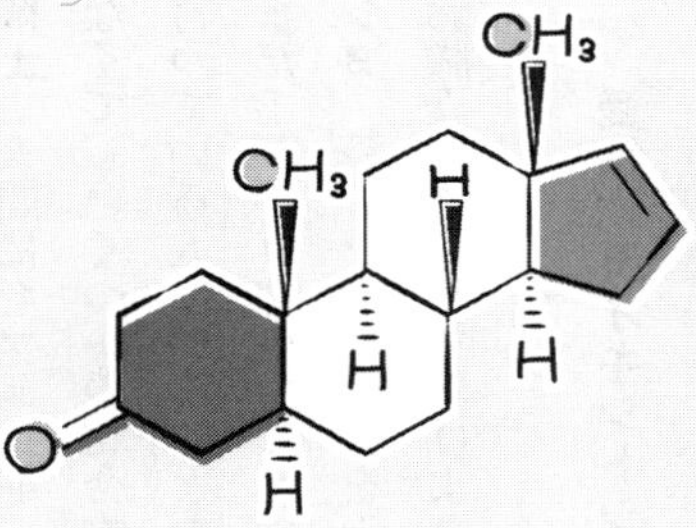

アンドロステノン

博士　それが科学的に確かな話かどうかはわからないけれど、ありえる話だろうな。

ショ　で、そのアンドロなんとかっていう物質は、人間の女性にも何かしらの効果があるの？

博士　いや、残念ながら、人間の女性を惹きつける作用があるというデータは出てない。むしろ、嫌なにおいと感じる女性の方が多いみたい。

ショ　なあんだ、しょうもない。

博士　このアンドロステノンを配合した「フェロモン香水」が売られてるけど、信用できるもんじゃないだろうね。

ショ　フェロモン香水って雑誌でよく広告を見るけど、やはり限りなくインチキに近いのね。

博士　人間にもフェロモンはあるけれど、単純に一つの化合物だけで操（あやつ）られているのではなくて、いくつかの化合物の複合的作用じゃないかとか、免疫系が関係してるようだとか、言っている人もいる。となると、ちょっと解析も簡単じゃないから、人間のフェロモンは、まだ手がかりをつかんだばかりの段階ってとこだろうね。

ショ　長々とウンチクを垂れたところでそんなもんか。じゃあ普通に、中井さんのデートのお膳立てでもしてあげようよ。

愛情物質オキシトシン

博士　ところがもう一つ、フェロモンとはちょっと違うけど、面白い化合物があるんだ。「オキシトシン」ってやつ。

オキシトシンは脳内で生成される物質で、出産時の子宮収縮や、母乳の分泌時などに出るホルモンとして発見された。当初、女性に特有のホルモンと思われていたが、後に男性の体内でも働いていることが確認された。

ショ　それが恋愛と関係あるの？

博士　研究が進むにつれて、オキシトシンがいろいろな機能を持っていることがわかってきたんだ。人間の、信頼や愛情、幸福感といった感情に、オキシトシンは関わっているらしい。

ショ　ほー、恋愛向きじゃない。

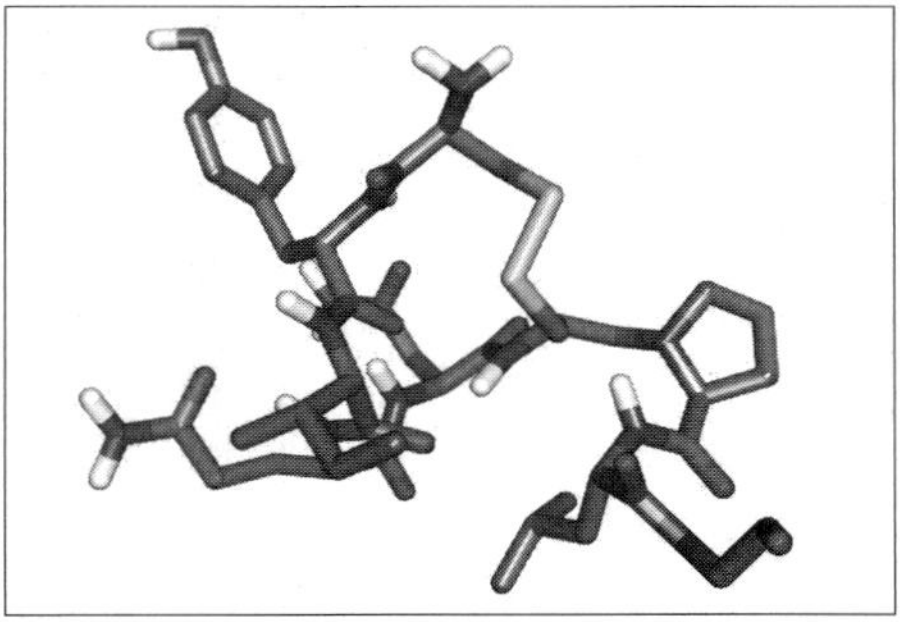

オキシトシンの分子モデル

博士　パートナーと抱き合ったり、ペットを撫でたりすることなんかでも、脳内にオキシトシンが放出され、不安やストレスが払拭されることがわかってる。

ショ　ふーん、そういうのが母乳に関わっているっていうのは、わかる気がするな。

博士　で、セックスの時も放出されるとか何とかいう話もあって。要は男女の仲を強める作用がある。

ショ　まさか、媚薬みたいに使えるの？

博士　と思いたくなるんで、実際に怪しげな商品が売られたりしてるけどね。今のところ、科学的に確かな成果としては、「信頼」に関わる実験がある。オキシトシンを吸い込んだ人には、驚くべき変化が表れることがわかった。

スイスのグループの実験によれば、オキシトシンを鼻に噴霧された人は、相手の「投資話」を信用し、多額の現金を託してしまいやすくなることがわかった。

ショ　えっ、じゃあ詐欺師なんかは、それで悪いことができちゃうじゃない。

博士　うん、この結果は衝撃的で、今後オキシトシンをどう扱うべきか、神経倫理学会で話し合いが持たれている。幸い、オキシトシンは口から食べても分解されてしまうから、食事にこっそり混ぜるなんていうことはできない。ちょっと部屋の空気に混ぜるくらいでは効果がないから、気づかれないようにオキシトシンを投与するのは無理なんだけど。

ショ　それにしても気持ち悪いよ。知らない間に、変な人に愛情を持たされたりなんてこともできちゃうんじゃやない？

博士　原理的にはありえないことじゃないよね。倫理的に問題が大きいから、実験もなかなかできないだろうけど。

ショ　まあ、こっそり吸い込ませたり食べさせたりってことはできないみたいだから、その点は安心だけど……。

博士　しかし化学の力をもってすれば、食事から摂っても胃腸で分解されずに吸収される、改良オキシトシンを創り出すことは不可能ではないだろうな。
ショ　ちょっと、変な実験しないでよ……⁉
博士　うーん、もちろんしないけど、興味はあるよねえ……。むっふっふ。
ショ　ヤバいなぁこの人……。相沢さんに飲ませたりしないでよ！
博士　ただ、近頃の研究によれば、オキシトシンも決してバラ色なだけのホルモンじゃないらしいんだよね。人種差別を促すような面もあるらしいし、恋愛の苦い記憶を強くしてしまう作用もあるらしい。
オランダで行なわれた実験によれば、少量のオキシトシンを吸った人は、危機にさらされた自国人を、他国人より優先して救おうとする傾向が見られた。
ショ　うかつにオキシトシン入り香水なんて使えないわけか。
博士　ん？　中井からメールが来た。
ショ　中井さん？　どうかした？
博士　「その後、相沢さんと付き合うことになりました。アドバイスありがとうございました！」だってさ。
ショ　なんだ！　よかったじゃない！

博士　俺あたりがあれこれ考えるまでもなかったなあ。

ショ　変な惚れ薬なんかより、やっぱりちゃんと本人の魅力を磨くことだね。

博士　まあ、人間の心を操るなんてのは何よりも難しいことで、科学の最終到達点の一つではあるだろうな。でも、ある面ではそれに結構なところまで迫ってきているわけで……。そうなったら何が起こるのか、どんな危険があるのか、しっかり考えておく必要はあるだろうね。

オキシトシンには
美肌効果も
あるんですって〜
大切な相手を
ハグすると
いっぱい
出るのよ〜！
ギュ〜
なんで
オレじゃ
ないんだぁ？？

第5話 「ダイヤモンド」を作れますか!?

ショウコ（以下ショ） うわあ、いいなあ、これ……。
サトウ博士（以下博士） ん？ 何見てるの？
ショ ほら、宝石の博物館で、ダイヤモンドの展示会をやるんだって。
博士 あー、ダイヤね……（そそくさ）。
ショ 何よ、逃げなくてもいいじゃない。美しいものを鑑賞したいってだけなのに。あなたもきれいだと思うでしょ、ほら。

博士　まあそりゃ、きれいではあるねえ、ダイヤは。俺の研究所でも、人工ダイヤの研究をしてる人がいるよ。

ショ　へーっ、それこそ夢の研究じゃない。じゃあ、私にも一個作ってもらえたりしないの？

博士　いや、装飾用のダイヤを作ってるわけじゃないからね。ダイヤは工業的にも重要だし、先端材料としても……。

ショ　そんな理屈はいいから、博物館に見に行ってみない？　あなただって、いつかダイヤの研究をするかもしれないでしょ？

博士　ふむ、この機会に勉強しといてもいいかな。ドライブがてら行ってみるか。

ショ　よしきた！

歴史を飾ったダイヤモンド

博士　ほー、ここか。

ショ　わあ、大きいダイヤ！　こっちも!!　スゴイ！　光ってるよ!!

博士　落ち着けっての、ほんともう……。

館員　いらっしゃいませ。ダイヤモンドに興味がおありで？
ショ　ええそれはもう!!
博士　えーと……、まあ研究者なんで、物質としてのダイヤモンドに興味はありますけどね。
館員　なるほど。ではまず、ダイヤの歴史のコーナーからご覧になりますか。
ショ　やっぱりダイヤは、昔から人気だったんですか？
館員　いや、昔から知られてはいたんですけど、今みたいに価値が上がったのは、ルネサンス期以降ですね。
博士　なんでまた、その頃に？
館員　ダイヤは一番硬い物質ですから、研磨(けんま)する方法がなかったんです。15世紀に、「ダイヤはダイヤで磨けばいい」ということが発見されまして、本当の美しさが引き出せるようになりました。
博士　なるほど、ダイヤはカットしないときれいに光らないもんね。
館員　現在主流のブリリアント・カットができたのは１００年ほど前です。ほら、こちらに。
ショ　うわあ……、きれい……。
館員　こちら、販売もいたしております。お値段がですね……。

博士　えーと、ブリリアント・カットってのはなぜこの形に？

ショ　なに無理に話をそらしてるのよ。

館員　入ってきた光が、一番きれいに反射するように計算された形です。虹色にきらきら光るのは、この形のおかげなんです。

ブリリアント・カットは、数学者でもあったベルギーの宝石職人、マルセル・トルコウスキーによって1919年に開発された。標準的なものは、58の面を持つ。屈折率の高いダイヤモンドに最も適した形状であり、他の宝石にはほとんど適用されない。

館員　こちらはかつては世界最大だったダイヤモンド「カリナン一世」です。１９０５年に、南アフリカのカリナン鉱山で発見されました。もちろんレプリカですけど。

ショ　うわっ、でかっ!!　鶏の卵くらいあるじゃないこれ！

博士　何カラットあるんですか、これは？

館員　原石は３１０６カラット、そこからいくつかの石が切り出されて、一番大きいのがこのカリナン一世です。５３０カラットあって、イギリス王家の財宝になっています。

ショ　割っちゃったのか……なんかもったいないような。

館員　カットしないと輝かず、価値も出ないですからね。割るのはやはり大変だったようです。鉱物には、一定の割れやすい面があるんですけど……。

多くの鉱物は、一定の面できれいに割れやすい性質を持つ。これを「劈開（へきかい）」と呼び、宝石のカットの際に重要となる。

館員　で、世界一の宝石技師が呼ばれたんですが、彼は1週間ほどかけて劈開面を調べ、「ここだ！」と決めたところにノミを打ち込んだんですが、その瞬間、緊張のあまり気絶してしまったそうです。

博士　失敗すると、人類の至宝がバラバラだもんな。で、成功したの？

館員　みごと成功しました。うまく割れたのを確認したあと、技師は安堵（あんど）のあまり、もう一度失神したそうです。

ショ　あはははは。ほんとですかそれ。

館員　まあ、ジョークかもしれませんけどね。いま世界最大なのは、1985年に南アフリカで見つかった、こちらの「ゴールデンジュビリー」で、545カラットです。

ショ　うわぁ、大きい！　……けど、茶色なんですね。こ

カリナン1世（530カラット）

れもダイヤなんですか？

館員　内部に含まれる不純物によって、色は変わります。普通は色のついたダイヤは価値が落ちますから、宝石店などにはあまり出ませんね。これだけ大きければ、別格ですけど。

ゴールデンジュビリーは、タイ国王ラーマ九世の即位50周年を記念して献上され、現在、同王家が保有している。

博士　こっちは青いダイヤだね。

館員　有名な「ホープダイヤモンド」ですね。インドのデカン高原の町を流れる川で、9世紀頃発見されたと言われています。不純物として、ホウ素というものが入っているため、青くなるそうです。

ホープダイヤモンドは45カラットの青ダイヤで、英国の富豪ホープ家が所持したためこの名がある。マリー・アントワネット他、所持者が次々と不幸に遭（あ）ったという伝説があり、「呪（のろ）いのダイヤ」として有名。紫外線を当てると赤い燐光（りんこう）を発するなど、現代科学でも解明できない性質を持つ。

博士　宝石の色ってのは、不純物で決まることが多いんだよね。

館員　はい、たとえばルビーとサファイアは、基本成分は同じ酸化アルミニウムで、混じっている不純物がちょっと違うだけです。

博士　ふーむ、ホウ素が入ったダイヤは半導体にもなるしな。研究者としては非常に興味深いな（ブツブツ）。

ダイヤモンドの構成元素である炭素は、代表的な半導体材料のケイ素と性質が近く、混ぜる不純物などによっては半導体にもなりうる。強度、耐熱性などに優れた、「究極の半導体」になりうると期待されている。

ショ　またそういうことしか考えないんだから。すごくきれいじゃない、レプリカとはいえ。

館員　こちらも販売いたしておりまして、お値段は……。

博士　あー、いいです呪われそうだから。

ショ　ふだんは「非科学的だ」とか何とか、人のことをバカにするくせに、こういう時だけ「呪い」とか言うんだから、まったく。

ダイヤの生まれ故郷

博士　このへんのダイヤはほとんど原産地が南アフリカとかですけど、やはりダイヤの産出はそのあたりに限られるんですか？

館員　ダイヤができるには、いろいろな条件が揃う必要があります。ダイヤの成分は、ご存知のとおり炭素ですけども……。

博士　鉛筆の芯（黒鉛）や、石炭の主成分と同じものだよね。

ショ　じゃあ、何が違うの⁉

博士　つながり方だけの差だね。黒鉛は、平面的に並んだ炭素のシートが積み重なった構造だけど、ダイヤは三次元的ネットワーク構造をとっている。

ショ　この一本30円の鉛筆も、ほんとは１００万円のダイヤになれたかもしれないのね……。運命って残酷だわ。

館員　ダイヤは地下数十キロメートルの、高温高圧の環境でできます。それが岩のすき間から噴き上がり、地上に出てきたものと考えられています。

炭素は、通常では黒鉛の形が最も安定だが、高圧ではダイヤモンドの方が安定になる。これがもとの黒鉛に戻らぬうちに、マグマのエネルギーで一気に噴出することで、ダイヤモンドが地上に姿を現す。

ショ　え？　じゃあ、ダイヤって黒鉛に戻るの？　やばいじゃん、じゃあ早く買わないと！

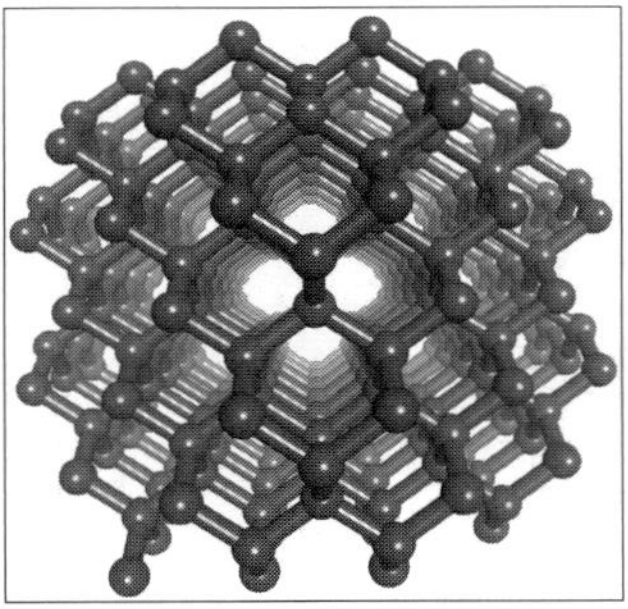

ダイヤモンド

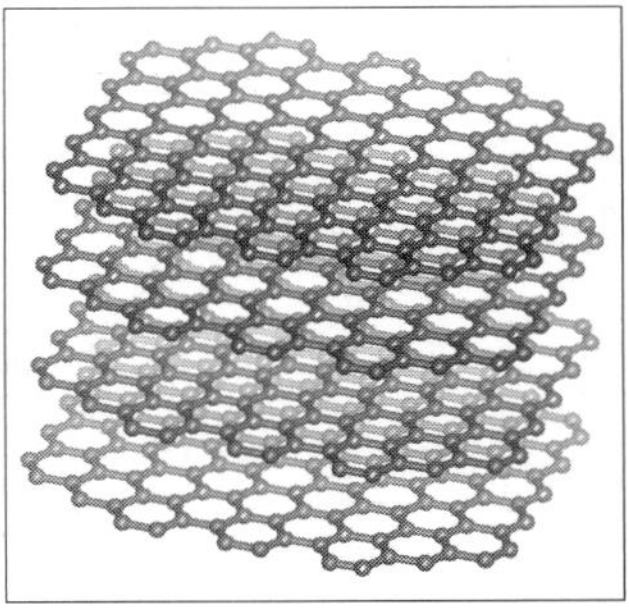

黒鉛

博士　マグマみたいな高温状態ならともかく、普通の条件では黒鉛に戻ったりしないよ。何億年も先にはどうなるかわからないけど。

館員　まあそんなわけで、ダイヤモンドが採れる場所は、アフリカ南部、オーストラリア、ロシアなど、誕生から10億年以上経過した陸地に限られます。

ショ　日本では出ないんですか？

館員　と思われていたんですけど、2007年に、愛媛県で初めてダイヤが発掘されたんです。我々も驚きました。

ショ　おお！　掘りに行こうかな。

館員　と言っても、1000分の1ミリメートルサイズだったそうですよ。

ショ　ありゃ、小さい！　しかしよく見つけたなぁ、そんなもの。

模造ダイヤモンド

館員　ダイヤは誰もが欲しがる品ですから、偽物（にせもの）もずいぶん工夫されてきました。クリスタルガラスもその一つです。

クリスタルガラスは、通常のガラスに鉛を加えて、透明度と屈折率を高めたもの。各種金属を加え、着色されたものも販売されている。

ショ　あ、スワロフスキー。このブローチかわいいなあ……。

館員　こちら、お値段はですね……。

博士　だーかーら、買いませんてば。他にもあるんでしょ、模造ダイヤは？

館員　はい、チタン酸ストロンチウムとか、イットリウムアルミニウムガーネット（YAG）なんてのが出回りました。

ショ　舌を噛（か）みそうだ。

館員　でも、これらは柔らかかったり、屈折率が低かったりで、欠点が多かったんです。で、登場したのが、こちらのキュービックジルコニアです。どちらが本物のダイヤかわかります？

博士　いやー、素人目には全然。ちょっとこっちの方がギラついて見えるかな？

キュービックジルコニアはジルコニウムの酸化物で、屈折率や透明度などがダイヤにかなり近い、「質屋泣かせ」の石。原価はダイヤの１００分の１以下。

館員　見分け方は、ダイヤは硬いので摩耗（まもう）しませんが、ジルコニアはどうしても角が擦（す）れて丸くなります。ルーペで見てみてください。

ショ　あ、ほんとだ、少し角が丸い。

館員　今は屈折率測定機などが普及しているので、プロはまず引っかかりません。ただ最近は、さらに本物に近いジルコニアも出回ってますから、一般の方が見た目で区別するのは、非常に難しいでしょうね。

その他、ダイヤは水をはじくので、水を垂らすと表面で丸い水滴になる。また油になじむので、本物には油性ペンで線が引ける、といった見分け方もある。

博士　俺なんかには、本物じゃなくともこれで十分に思えるけどなあ。

館員　実際、粗悪品のダイヤよりもよほどきれいですから、キュービックジルコニアを選んでお買い上げになる方も増えてますよ。

ショ　そうは言っても、やっぱり本物は魅力的よねえ……。

館員　その他、ダイヤ同士を貼り合わせたり、加熱や放射線処理で性質を変えたり、ありとあらゆる模造・変造品が開発されています。買う時は、ぜひきちんとした鑑定書付きのものを買ってください。たとえばこれなんかは……。

博士　いや、だから買いませんってばっ。

人工ダイヤモンド

館員　まあそんなわけで、あらゆる模造ダイヤが考えられてきましたが、当然、一番いいのは、ダイヤモンドそのものを人工的に作ることです。

博士　昔から研究はされてましたよね。

館員　19世紀の末に、モアッサンという人が、「人工ダイヤを作った」と発表したのが最初です。

アンリ・モアッサン（1852〜1907）はフランスの化学者。フッ素の分離の功績により、1906年のノーベル化学賞を受賞している。

博士　ダイヤを作るには高温高圧が必要だと思いますけど、当時の技術でそんなことができたんですか？

館員　鉄と炭素を加熱して溶かしておき、一気に冷却すると、鉄がぎゅっと縮んで高圧がかかります。これでダイヤができると考えたんですね。

博士　そんなやり方でできたんですか？

館員　実はその後、彼の助手が、「先生のご苦労を見るに忍びなく、天然のダイヤの粒を密かに混ぜ込んでしまった」と告白したんです。ズルだった、というわけですね。

ショ　ありゃりゃ。師匠思いと言うか、余計なお世話と言うか。

館員　で、結局人工ダイヤの第一号は、１９５３年にスウェーデンで達成されました。ワイルドなアイディアです。

ショ　と言うと？

館員　爆薬と炭素を混ぜて、ドカン！　とやったんです。爆発で生じる高温と高圧を利用したんですね。

ショ　そんなことしたら、せっかくダイヤができても粉々に砕けてしまうんじゃないですか？

館員　ええ、細かい汚い粒ができただけでした。彼らは宝石を目指してたんで、こりゃダメだと、発表しませんでした。

博士　宝石はできそうにないね、確かに。

館員　しかし2年後、アメリカのゼネラル・エレクトリック社（GE）が、人工ダイヤの合成に成功します。こちらは単純に、加熱しながらぎゅうっと両側からプレスする形式です。

GE社は、電機部門を基本とする、世界最大の企業グループ。人工ダイヤのプロジェクトには、各分野の頭脳と巨額の資金が投じられ、各国との競争を勝ち抜いて、十数年がかりでようやく成功に至った。

ショ　電機メーカーがダイヤを作ろうとしたんですか？

博士　ダイヤには宝石用だけじゃなく、いろいろな用途があるからね。

館員　こちらにダイヤを使った工業製品の展示があります。

ショ　うわ、でっかい丸ノコ。

館員　工事現場にダイヤは欠かせません。

博士　ドリルだけでも、コンクリート用から歯科用まで、大小いろいろあるんだね。

館員　歯のエナメル質は水晶に匹敵する硬度ですから、スムーズに削るためにはダイヤが不可欠です。

ショ　レコード針もダイヤか。

館員　レコード針は、細かいほこりやゴミですぐ摩耗しますから、やはりダイヤに優るものはないですね。

かつてはこうした製品には、宝石に使えない品質の天然ダイヤが用いられていた。近年では、合成ダイヤのシェアがどんどん拡大している。

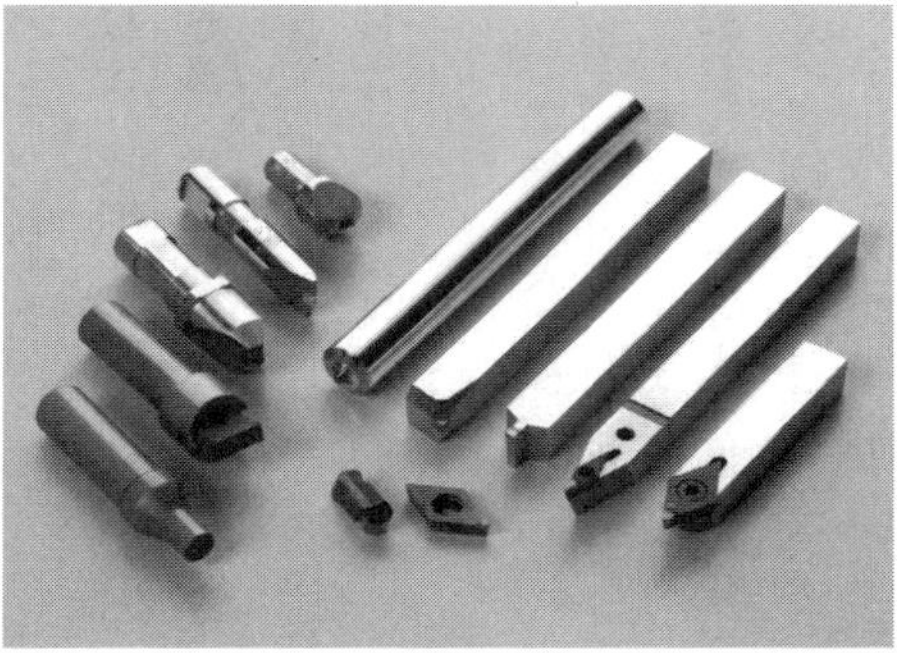

単結晶ダイヤモンド工具
（写真提供：名古屋ダイヤモンド工業株式会社）

館員　ダイヤモンド工具は、ハードディスク、コピー機など、ハイテク製品を作るのに不可欠です。高度な平面性を要する部品には、精密な工具が欠かせませんから。

博士　その精密工具はどうやって作ってるんですか？

館員　実は手作業です。

博士・ショ　え！

館員　ダイヤモンド工具を作る職人さんには、神業（かみわざ）レベルの人がいます。指先の感覚ひとつで、５万分の1ミリメートルレベルの凹凸を検知するそうです。

博士　えっ！　電子顕微鏡レベルでしょ、それは。信じられん……。

館員　聴力障害を持っている方が多いそうで、指先の感覚が発達したんでしょうか。すごいものです。

博士　人間ってすごいなあ……。

宝飾用人工ダイヤ

館員　人工ダイヤに話を戻すと、GE社の新技術は、「国家の根幹に関わりかねない」として、米国政府が詳細の公表をしばらく抑えたほどの一大事でした。しかしすぐさま、世界中で人工ダイヤの生産競争が始まります。企業秘密が盗まれたりとか、いろいろなことがあったようです。

博士　巨大なダイヤモンド産業が、一気にひっくり返りかねないですからね。

館員　とはいえ、宝石になるレベルのものはなかなか作れなかったのですが、1970年代になって、大粒のものが得られるようになりました。こちらです。

ショ　何だか黄色いですけど。

館員　不純物として窒素が入ってしまうので、この色になります。成分次第で、透明にも、他の色にもできます。

ショ　宝石としてはどうなんですか？

館員　初期から改良が進んで、かなり内包物の少ない、透明度の高いものができるようになっています。プレスする側にダイヤを使うことで、高い圧力をかけられるようになったり、いろいろ進歩しています。

博士　ダイヤでダイヤを作るわけか。じゃあ、後の問題はコストだけ？

館員　実はコストも、天然モノにぐっと近づいてきています。最近では、「メモリアルダイヤモンド」というものを作って販売する会社も出てきました。

ショ　メモリアル……？　何ですかそれ？

館員　亡くなった方の遺骨から炭素を抽出し、そこからダイヤを作ってくれるサービスです。

ショ　えっ!!　遺骨からダイヤ!?

博士　うーん……、故人の思い出といつも一緒にいたいって気持ちはわからないでもないけど、ちょっと怖い気もするな……。

0・2カラットのもので、40万円ぐらいから作製可能。料金次第で、色やサイズなどを選ぶことができる。

館員　合成技術は日進月歩なんで、そう遠くない将来、天然モノより安くて品質のいい合成ダイヤが出回ることになると思います。今、将棋のプロ棋士がコンピュータに負けそうになっていますが、それと同じような、ちょっと複雑な気分ですね、我々としては。

ショ　鑑定はできそうですか？

館員　結晶の仕方とか、いろいろな特徴が必ずあるはずなので、詳しく見れば鑑別は不可能ではないだろうと思います。

ショ　やっぱり天然モノが欲しい心理はあるもんなあ。

館員　内部に他の石が入っているダイヤは、今までは価値が低かったのですが、これからはそういう石こそ「天然モノの証（あかし）」ということで、価値が出るかもしれません。

博士　傷物（きずもの）の天然モノに人気が出て、完璧な合成品が安く出回るのか……。でも、合成品も別に偽物じゃなく、中身はまったく同じ成分でしょ？　そうなると、本物っていったい何だろうって気もしてくるね。

ショ　ダイヤが安く作れるなんて、夢のようだと思ってたけど、いざそれがかなうとなると、いろいろ考えものなのね、実は。

Column1

分子を組み立てる技術

本文には、さまざまな機能を持った化合物が登場します。しかし、必要な化合物をデザインし、組み立てる技術がなければ、これらは絵に描いた餅にすぎません。

作りたい化合物によって、組み立て方法は変わります。たとえばＬＥＤに使われる半導体は、１～３種類程度の原子が、規則正しく積み重なった層状の構造です。これは、適切な「下地」の上に、必要な元素を含んだ高温のガスを流し、自然に積み重なっていく力を利用して作られます。

炭素を含む、複雑な構造の「有機化合物」では、作り方ももっと複雑になります。模型を組み立てるように好きなところから作っていければいいのですが、目に見えないほど小さな分子が相手ではそうもいきません。まず骨組みを組み立て、細部を調整しながら組み上げていくのですが、このあたりには研究者のセンスが大きく影響します。

複雑な化合物の見事な合成を見ると、よくできたパズルや詰将棋を味わうのに似た感動があり、しばしば芸術作品にもたとえられます。昔は数十工程かけて作った化合物が、今は十工程以下で出来上がるなど、技術的にも大いに進歩しています。

第6話 「やせる薬」を作ってください！

サトウ博士（以下博士） ただいまー。ん、何だこの甘いにおい……。
ショウコ（以下ショ） あら、あなたお帰りなさい！ 毎日遅くまでお疲れさま☆
博士 ショウコ、お前、また何か食ってただろ！ あれほどやせたいって言ってたくせに。
ショ いやほら、この間から風邪気味だからさ、体力つけないといけないじゃない？ ホホホホホ。
博士 ヤキイモとハーゲンダッツで体力つくかよ！ またウエストに肉がついたのと違う

か？

ショ　そういえばあなた、いつも「夢をかなえる化学」の研究をしてるって言ってるよね。それなら、やせる薬ってないの？

博士　え？　やせる薬？　いやあ、それは、適切な食事制限と運動をすることで解決していただきたいわけだけど……。

ショ　なーんだ、できないんじゃん。「夢をかなえる化学」の実力って、そんなものなの？　無理なくやせるのは全女子の夢だよ？　ウエストをキュッとしてさ、脚も細くなって、でも胸は残して……みたいな。それもできなくて、何が「夢をかなえる研究」だってのよ。

博士　いや、もちろんできるよ。ってかもうちゃんとあるよ、やせる薬は。

ショ　えっ⁇　ホント？　あるの、そんな薬？　なら早く言ってよ。どこで売ってるの？

博士　まあ待て、そういうんじゃないから……。

肥満はなぜ怖いか

博士　まず、肥満がどう体によくないかってのは知ってるよね。

ショ　そりゃそうよ。かわいい服は着られなくなるし、健康にもよくないし。

博士　そう。たとえば……。

肥満が原因になると言われている病気は数多い。糖尿病、高血圧、動脈硬化、虚血性心疾患、大腸がん、卵巣がん、乳がん、子宮がん、甲状腺がん、睡眠時無呼吸症候群、変形性関節症、O脚、痔、不妊症、貧血、ネフローゼ、腎盂腎炎、甲状腺機能低下症、脊柱側彎症、アルツハイマー型認知症……などなど。

博士　……と、いろいろあるわけですよ。

ショ　わかった、わかりました。（……まったく、知ってること全部言わないと気が済まないんだから。）でも、アルツハイマーとも関係あるの？

博士　最近は、そう言われてるね。

肥満度とアルツハイマー型認知症の発症率には、統計的に関連があることが指摘されている。理由はまだはっきりしないが、肥満で動くのがおっくうになって、家に閉じこもってしまい、脳への刺激が少なくなるということも考えられる。

ショ　まあやっぱり、太ってていいことは何もないってことね。

博士　最近は、「メタボ」が言われすぎた反動か、「小太りくらいが一番長生きする」という意見もあるみたいだけどね。極端な太りすぎが健康に悪いのは、疑う余地はないだろうな。

ステロイドでやせる?

ショ　で、結局やせる薬って?

博士　そりゃもう、いろいろあるよ。どんなのが欲しい?

ショ　決まってるじゃない。食事制限も運動もせずに、すぐに楽にやせられる薬よ。そんな薬があるなんて、なんて素晴らしいのかしら!

博士　それなら、「テストステロン誘導体」かな。飲んで一〜二日で効果が出てくるらしいよ。

ショ　やっぱり! そんなすごい薬があるの! ……って、まさかヤバい薬なんじゃないでしょうね。副作用がひどいとか……。

博士　うん、アスリートなんかが使う、いわゆるステロイド剤だよね。筋肉増強剤ってやつだ。

筋肉増強剤は、通常は「筋力を上げる」ために使用される。しかし同時に、脂肪を消費するのは筋肉なので、ある程度の筋肉をつけることは、ダイエットにも効果的である。

ショ　でもステロイドって、あまりいいイメージないんですけど……。

博士　まあステロイドって言っても、いろいろな種類があるからね。効果も副作用もそれぞれ違うから、単純にひとくくりにはできない。

ショ　副作用って、どんな？

博士　要は男性ホルモンなんで、女性が服用すると男性化が起きる。ヒゲが生えたり、声が太くなったり。

ショ　えぇーっ。そういえば、陸上の選手でそういう人がいたよね。確か、かなり早死にしたんじゃなかったっけ……。

博士　フローレンス・ジョイナーかな。

ソウル五輪の女子100、200メートル走で、驚異的な記録を出して優勝したジョイナーだが、その筋肉の付き方や、ヒゲが生えていたなどの証言もあり、薬物使用が強く疑われていた。29歳で引退、38歳で心臓発作により亡くなった。

ショ　ダメじゃん……。

博士　アメリカなんかでは、こういうホルモン剤がかなり普及してるらしいよ。ただ、少なくとも、専門医の管理下で慎重に使うんでないと、危険は大きいかな。

サプリメント・健康食品

ショ　もうちょっと自然な、体に安全なダイエットってないの？　サプリメントとかハーブとか、よくあるじゃない。

博士　自然で安全、ねえ……。

ショ　あ、なんか露骨に嫌な顔をした。

広告などでは、「自然の恵みで体に安全・安心」などという宣伝文句をよく見かけるが、別に「自然」なものが「体に対して安全」とは限らない。自然界にも危険な物質は数多く存在する。

ショ　でもほら、こんな感じで、雑誌にも広告がよく出てるよ。

博士　ああ、これね。ＣＭのやり方がうまいんだよね。「好きなもの、炭水化物。嫌いなもの、激しい運動」ってタレントに言わせてるでしょ。別に「炭水化物を食べて、激しい運動をしないでやせた」とは言ってないわけよ。

ショ　あっ、そういうことか。

博士　運動しないでもやせます、なんて謳（うた）っちゃうと、薬事法違反になったりもするからね。

この商品はあくまで「健康食品」なんで、厳しい試験や審査を受けているものじゃない。医学的な効能がある、という言い方をしたら、法に引っかかっちゃう。

ショ　でもほら、この人たちはこれで17キロもやせたんだってよ。

博士　うーん、でもこの「フォルスコリン」って成分には問題があってねぇ……。植物から得られた天然成分なんだけど、「サイクリックＡＭＰ」という体内物質を生産させる作用があってだね。

サイクリックAMPの過剰生産は、血圧低下、吐き気、目まいなどにつながり、また高い確率で下痢を発症する。コレラ毒素の症状と同じ原理だ。

博士　脂肪燃焼とか言ってるけど、単に下痢してやせてるだけなんじゃないかなぁ。

ショ　うそ！　これ、友達も飲んでるよ！

博士　体質にもよるだろうけど、おすすめはしないね。薬理学の専門家に聞いたら、フォルスコリンは彼らの実験によく使う試薬らしくて、「とてもあれを自分で飲む気はしないなあ」なんて言ってたよ。

健康食品というのは、医薬品はもちろん、トクホ（特定保健用食品）などに比べてもハードルが低く、しっかりとした試験がされていないものも多い。しかも、効かなくても「効果に

は個人差がありますで」で済んでしまうため、問題のあるものも実は少なくない。

ショ　そういえば、トクホのコーラとかお茶はどうなの？　すごく売れているらしいじゃない。

博士　あれも、コーラやお茶を飲みさえすれば、いくら食べてもＯＫみたいなＣＭの仕方だけど、実際は、食事からの脂肪の吸収をいくらか抑えるくらいのものだからね。少なくとも、現状よりやせる効果があるとは思えないな。

トマトでやせる？

ショ　しばらく前に、「トマトでダイエット」みたいな話もあったよね。

博士　ああいうのは、定期的に話題になるよね。**豆乳、黒酢、寒天、納豆、バナナ……。時に食品の健康作用が話題になるが、動物実験の結果でしかなかったり、計算してみると、とんでもない量を食べないと効果がない、などというケースが多い。**

ショ　でもまあ、みんな、「これでやせる」って、心から信じているわけではないと思うけどね。トマトとナスのどっちを買おうかな、という時に、多少でもダイエット効果があるっていうからトマトにしておこうか、くらいのもので。

博士　あのトマトの時は、京都大学の論文が発端だったね。

京都大学の論文とは、「トマトに含まれる13－オキソ－9、11－オクタデカジエン酸という成分を肥満マウスに与えると、中性脂肪の増加が抑えられた」という内容のもので、計算上、コップ1杯のトマトジュースを飲むだけで効果がある、ということだったため、皆が飛びついた。

ショ　あれから何日か、トマトもトマトジュースもスーパーから消えちゃって、全然手に入らなかったもんね。

博士　でもね、「中性脂肪の増加が抑えられた」ってだけだからね。

しかし、「その結果、体重が減った」というデータは出ていない。京大の発表でも、「トマトでやせられる」とはまったく書かれていない。せいぜい、脂肪燃焼につながる成分について、糸口がつかめたくらいと解釈すべきだろう。

ショ　食べてやせる、なんてのは、やはり甘い考えか……。

博士　ダイエット生活にいい食べ物はあるだろうけど、あくまで体質を少しずつ変えていく程度。「○○だけを食べて1カ月で10キロ減!」なんていう、劇的な効き方を期待しちゃいけないだろうね。

ダイエット目的以外でも、効果のある健康食品は当然存在するが、長期的に病気にかかる率を下げるような性質のものであり、劇的な効果を望むべきではない。

抗肥満薬でやせる?

ショ 何だかなあ……。じゃあ、どうすりゃやせるのよ、いったい。

博士 実はね、人間の体ってのは、基本的にやせるようにはできてないのだよ。

ショ 何よ、それじゃあ、この話はぶち壊しじゃない。夢をかなえてくれるんじゃなかったの?

博士 人間てのは、一日に1・6キログラム、年間だと600キログラムくらいの食べ物を食べる。ショウコは食いしん坊だから、もっとかな?

ショ あら、800キロでも900キロでも、ドンと来いって感じよ♪

博士 でも、1年前と比べて、体重はほとんど変わりがないだろう? それってすごいことだと思わない？

人間の体というのは、体重に限らず、体温・脈拍・血圧などを一定に保つ仕組みを持つ。その仕組みを、「ホメオスタシス」と言う。

ショ　まあ、確かにそうねえ。パーティーでドカ食いしても、病気で丸一日食べなくても、すぐに体重はもとに戻るし。あなたは中年太りが進んでるけどねぇ。

博士　うるさい！　……で、その、体重を保つ仕組みの一つが、「食欲」なわけだ。ホメオスタシスによって、ある程度より体重が重くなると食欲が落ちて、軽くなると食べたくなることで、体重を一定に保とうとしている。

ショ　だから必死にダイエットしても、すぐにリバウンドするわけか。

博士　そういうこと。要するに、ダイエットに失敗するのは、意志が弱いからとかじゃなく、自然の摂理の問題なの。で、この悪循環を抜け出すためには、食欲をコントロールしてやるって手がある。

ショ　おお！　化学の力でそれができるの？

たとえば、脳内の「カンナビノイド受容体」に作用して、食欲を抑制する化合物が作られている。「リモナバン」（商品名アコンプリア）という薬で、大麻と同じ場所に作用する。「カ

ンナビノイド」というのは大麻の成分であり、脳内の受容体にくっついてスイッチを押すが、このリモナバンは、逆にスイッチが働かないようブロックする。

ショ　大麻がらみなの？　あまりいい予感がしないんですけど……。

博士　まあね。精神に作用する薬だから、ちょっと怖いと言われてはいたんだけど。実際、この薬を服用した人にうつ病や自殺が増えているというデータが出て、販売中止になった。日本では臨床試験中だったけど、この話が出て、試験もストップした。

ショ　そんなのばっかりか……。なんでそんな薬を認可するの？

博士　欧米には、すぐにでも生命の危険があるレベルの肥満者がかなりいるからね。多少リスクのある薬でも、肥満を放っておくよりはまだまし、という考え方なんだろうな。これに限らず、ノーリスクの医薬というのはないんだけれども。

ショ　まあ確かに、あっちの人の太り方は、日本人とはちょっと違うもんねえ……。日本で買えるやせ薬ってのはないの？

博士　日本で認可されてる抗肥満薬には「マジンドール」（商品名サノレックス）ってのがある。

ショ　魔神ドール？　……なんか、一昔前のロボットアニメみたいな名前ね。

博士　ま、これもちょっと、作用としては「アンフェタミン」っていう覚せい剤に似てる。

ショ　またそっちなの⁇　でも、確かにクスリをやってる人って、げっそりやせ細ってるようなイメージはあるよね。

マジンドールには覚せい剤のような習慣性はないが、かなり慎重に使うように定められている。使用可能なのは、ＢＭＩ（ボディマス指数。体重〔kg〕／身長〔m〕の2乗で算出）が35以上の高度肥満者のみとされ、服用期間は最高3カ月以内にとどめる必要がある。

ショ　ＢＭＩ35以上というと……１６０センチの人なら、約90キロ以上ってことか。さすがに当てはまらないな、私は。

博士　「近ごろ体重が気になるから、ちょっと美容のために飲んでみる」っていうような薬ではないね。

ショ　うーん、欲しいのは、「美しくボディを引き締めてくれる薬」なんだけどなぁ。

博士　こういう精神に働きかける薬は、きちんとコントロールして使えるなら有力なんだけどね。副作用のことを考えると、やはり、相当に健康リスクが高いレベルの肥満者のみが、専門家の指導のもとで慎重に使う、って形にならざるを得ない。

ショ　そういう、麻薬どうたら以外のやせ薬って、ないの？

博士　「オルリスタット」（商品名ゼニカル）って薬があるよ。

食べ物の脂肪は、腸の中でリパーゼという酵素で分解されて体内に吸収されるが、この薬は、リパーゼが働かないようブロックする。

ショ ええ?? じゃあ、いくら脂肪分を食べても、吸収されないから絶対に太らないってこと?

博士 まあそうだね。脂肪分は体内で消化吸収されず、素通りしてしまう。精神に作用しないという意味では、わりと安全性は高そうな薬だよね。

ショ 何だ! 夢の薬がちゃんとあるんじゃない。早く言ってよ、ほんとにもう。

ただ、オルリスタットを服用すると、油と一緒に体に吸収されるタイプのビタミンが不足するため、一緒にサプリメントを飲んだ方がよい。また、脂肪分が消化されずにそのまま出てくるので、下痢気味になる人もいる。

博士 汚い話だけど、おならをした時に、お尻から一緒にどろっと油が出ちゃったりもするらしいよ。

ショ いやああ〜! それはちょっと、イヤ。

博士 あと、似たような薬で、「セチリスタット」(商品名オブリーン) ってのも出たんだけど、効果がいまいちでね。2パーセント体重が減るだけらしい。

ショ　100キロの人が98キロになるだけ、ってこと？　たしかに、あんまりありがたみがないわねえ。

博士　製薬企業が大枚はたいて研究しても、まだこれくらいのものしか作れないんだから、やせ薬っていうのがいかに難しいかってことだね。いい薬が出たとしても、やせたいあまりに飲みすぎる人も必ず出てくるだろうから、一般の薬局で気軽に買える薬には、やはりなりにくいだろうな。

ショ　でも、これから夢のやせ薬が生まれる可能性もあるんでしょ？

博士　うん、最近ではレプチンとかアディポネクチンとか、食欲を制御する体内物質がわかってきてるから、そのへんからいい薬ができるかもしれない。しかし、やはり確実にやせるには、食べる量を減らしてしっかり運動するしかないんだ。

科学的な見地からひとつ付け加えるなら、ダイエットをするにしても少しずつ、ゆっくり体重を減らしていくことが大切だ。無理して体重を一気に落としても、ホメオスタシスが働いて、どうしてもリバウンドする。体を慣らしながら、月に1～2キロくらいのペースでゆっくりと体を絞（しぼ）っていくのがベストである。

ショ　しかし、それだけわかっていながら、自分の体重が落とせないあなたが、一番不思議だけどねえ……。

博士　うーん……。理屈はわかっていても実践ができないのが、ダイエットってものなんだよねえ……。

やせ薬の配合は
・ママのエステ代
4万／月
・ママの化粧品代
3万／月
・子どもの習いごと
（バレエ・ピアノ・歌）
5万／月……
骨までやせるぅ〜

第7話 「花粉症」を治せますか⁉

ショウコ（以下ショ） びえーっくしょん‼ へっくしょん！
サトウ博士（以下博士） あれ？ この時期に花粉症？
ショ うーん、なんかそれっぽいわねえ。いっぺん治まったように思ったのになあ。
博士 あー、もしかしてスギ以外の花粉なのかなあ。
ショ え⁇ いやなこと言わないでよ。スギだけで十分しんどいのに。
スギの花粉は、おもに2月中旬から4月下旬頃がシーズンだが、5月にはヒノキ・クヌギ・

イチョウ・シラカバなどの花粉が飛散し、最近はこれらに対するアレルギーを持つ人も増えている。

ショ　うわあ……それかもしれないなあ。うぅぅー、せっかく花粉シーズンが過ぎたと思ったのに。

博士　他にも、イネとかブタクサとか、真冬以外はほぼ一年中、何かしらの花粉が飛んでるようだしね。

ショ　うーん、スギ花粉以外にも敵は多いのか。でも、なぜスギの人が多いんだろ。

博士　スギはこれだけたくさん植えられてるし、しかも、一本の木が1キログラムくらいの花粉を飛ばすらしいからね。イネもたくさん植えられるけど、開花時期が短いし、花粉の量も少ないから、患者数は多くないみたいだよ。

ショ　なんであんなにムキになって、スギばっかり植えたんだかなあ。責任者出てこい、だわ、まったく。

博士　戦後に、建材になるからって言うんで、たくさん植えたみたいだね。それが30年くらい経(た)って花粉を飛ばすようになり、患者が増え始めたんだろうね。

それらしき症状は戦前からあったようだが、「スギ花粉が原因」という論文が出たのは19

６４年。患者が本格的に増え始めたのは１９８０年代で、現在では日本人の４人に１人がスギ花粉症とされる。

博士　根本的には、スギを全部なくしちゃえばいいんだけど、さすがにそうもいかないだろうし。

ショ　全部切れとは言わないけど、減らすくらいできないのかしらねぇ、まったく。

博士　人手不足で、間伐でさえ大変なようだしなあ。今の10分の１以下の花粉しか出さない、「低花粉スギ」を開発してるって話は聞くけど……。

ショ　へぇー。すごい。でも、その効果が出るのって、50年後とかでしょ。てか、なんでそうまでしてスギを植えるのよ、こんな花粉症だらけだってのにさ。

博士　まあ、俺もそう思うけどねえ……。スギを全部切っちゃうと、雨が降った時に崖崩れや洪水が起きやすくなるからって言うんだけど、もうちょっと他のやり方はありそうなもんだよな。

ショ　外国ではそのへんの対策、どうしてるんだろうね。

博士　あ、外国にはスギ花粉症はほとんどないよ。日本だけの病気。

ショ　え！　そうなの!?

博士　うん。スギは日本特有の木だからね。その代わり、ヨーロッパではカモガヤ、アメリカではブタクサなんかの花粉症が多いんだって。合わせて「世界三大花粉症」と言うらしい。

免疫系の空回り

ショ　でも、どうして花粉を吸い込むと、くしゃみや鼻水が出るのかしら？

博士　花粉症ってのは、要するに、免疫系が過剰反応しちゃってる状態なんだよね。

ショ　免疫って、病原菌が入ってきた時にやっつけてくれたりするものでしょ。

博士　そう。で、花粉なんてほっときゃいいのに、免疫系が「外敵が入ってきた！」と大騒ぎして、くしゃみで吹き飛ばそう、鼻水で流し出そう、と頑張ってるっていうわけだ。

ショ　余計なことするわねー、ほんと。

博士　免疫系ってのは複雑でね。もちろん病原菌をやっつけてくれたり、頼りになる存在でもあるんだけど、勘違いで暴走して、病気を起こしちゃうことも多いんだ。

免疫が原因で発生する病気は数多く、各種食物アレルギーの他、リウマチ、ギラン＝バレー症候群、バセドウ病、クローン病など、難病も少なくない。

カモガヤ

ブタクサ

ショ　よく「免疫力アップ」とかいう本が出てるけど、免疫もありがたいばかりではないのか。

博士　まあ、免疫力がどうこう言ってる本も、どこまで本当かわからないのが多いけどね。

回虫と花粉症

ショ　はいはい、簡単に信用しないことにします。で、最近花粉症の人が増えてるってのは、免疫力が高い人が多くなったってこと？

博士　と言うよりは、「衛生状態が向上したせいで、余計なものに反応しやすくなった」って説がある。

ショ　衛生状態がよくなると花粉症になる

の？　逆のような気がするけど……。

博士　回虫がいなくなったことが原因という話もある。

ショ　回虫⁇　なんでまた？

博士　回虫が体内にいると、それに対して免疫系はＩｇＥっていう抗体を作る。これが回虫をやっつけようとするんだけど、それでも回虫がずっとい続けると、「ああ、こいつはいても別にいいか」ということになって、反応しなくなるんだ。「免疫寛容」って言うんだけどね。

ショ　え？　免疫ってそんなに適当なの⁇

博士　適当っていうか、何にでもいちいち反応してたら、いろんな症状が起きて大変だから、たいして害がないとわかったら寛容になっていくように、うまくできているんだろうね。

子どもの頃に食物アレルギーがあっても、大人になると食べられるようになるのは、この「免疫寛容」現象の一つである。

ショ　大人になるってのは、寛容になるってことなのね。奥が深いわ……。

博士　そうそう、そういうことだね。で、花粉症を引き起こすのも、このＩｇＥ抗体なのよ。花粉が入ってきた時に反応して、何とか追い出そうとする。

ショ　回虫がいる人は、花粉に対しても寛容になれるってこと？

博士　なかなかわかりが早いね。まあこのへんは、今のところ仮説の一つでしかないけど、とにかく衛生環境だとか、スギを植えすぎたとか、いろんな要因が重なって、今の花粉症社会になったんだろうね。

花粉症の薬

ショ　衛生的になるのもいいことばかりじゃない、か。でも、だからって、回虫を体内に飼う気は起きないしね。何か対策はないのかしら。

博士　まあ、その他にも対策はあるけどね。一応、薬で症状は治まるでしょ。

ショ　うん。最近は、薬局で普通に買える薬でも、なかなかいいのがあるよ。

博士　今、薬局で手に入るのは、ヒスタミン拮抗剤（きっこうざい）と呼ばれるタイプだね。しばらく前に「ヒスタミンブロック」ってＣＭでやってたでしょ。

ショ　あ、そんなのあったね。鍵穴にどうとか言ってたっけ？

博士　簡単に言うと、さっき言った「ＩgＥ抗体」が花粉にくっつくと、細胞表面でその受容体と結合して、いろんな分子を放出させる。その一つがヒスタミンで、これがくしゃみだの鼻水だのを出すように、引き金を引く。

ショ　十分ややこしいんですけど。

博士　要は、ヒスタミンっていう体内物質が、くしゃみや鼻水の元凶ってこと。で、こいつを働かなくすれば、あの憂鬱(ゆううつ)な症状が出なくても済むわけよ。

ヒスタミンは比較的簡単な構造の分子だが、生体内でさまざまな作用を担う重要物質。アレルギー反応にも深く関与している。

ショ　で、鍵穴って何なのよ。

博士　ヒスタミンってのはね、細胞の表面にある「受容体」ってのにくっつくことで、いろいろな反応を引き出すわけだ。つまり、ヒスタミンが鍵で、受容体が鍵穴と思えばいい。

ショ　で、花粉症の薬は何をするの？

博士　薬の分子はヒスタミンに似てるんだけど、ちょっと構造が違う。なので、鍵穴の受容体に入ると、鍵は回さないけど、なかなか抜けなくなるわけだ。

ショ　なるほど、それでヒスタミンをブロックするのね。

博士　そういうこと。だから、薬を飲めば、しばらくはくしゃみや鼻水を抑えられる。

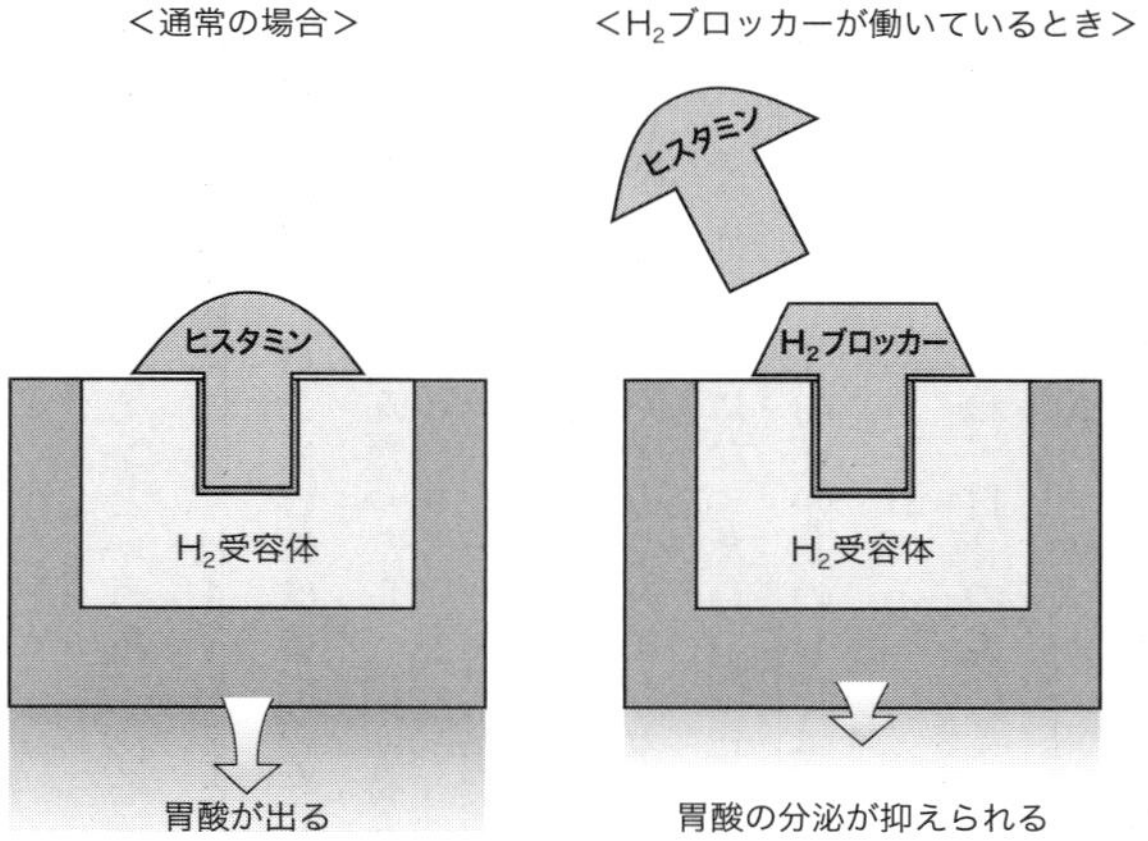

ヒスタミンと受容体

ショ　でも半日くらいで効かなくなるでしょ？　あれはなぜ??

博士　まあヒスタミンには、他にいろいろ重要な仕事があるからね。薬が完全にへばりついちゃうと、よくないことも起こる。なので、適当なところで離れていくようになってるのよ。

ショ　ずっとふさいでてくれてもいいんだけどなあ、個人的には。まあ、いろいろややこしいのね。

鍵穴もいろいろ

博士　ややこしいついでに言うと、さっき言った「鍵穴」は一つじゃなくて、４種類あるんだよ。

ショ　ええ？　どういうこと？

博士　同じヒスタミンという鍵で回る鍵穴が４種類あって、それぞれ働き方が違うんだ。

ヒスタミン受容体には、Ｈ１～Ｈ４と名づけられた４種類がある。アレルギーに関わる鍵穴はＨ１受容体。Ｈ２受容体は胃に存在し、胃酸を出させる作用を持つ。

ショ　鍵穴が違うんだったら、鍵も替えればいいじゃない。どうしてそういうややこしい仕組みなのかしらね。

博士　ややこしいねえ。まあとにかく、下手な鍵を持っていくと、鼻水を止めるつもりなのに、胃酸が止まっちゃうことになりかねない。

ショ　そんなことになったら、消化不良でご飯もおちおち食べられないじゃない。

博士　だから、花粉症の薬の分子は、ちゃんと受容体の構造を見分けて、Ｈ１受容体だけにくっつくように設計されてる。

ショ　器用なもんね。Ｈ２の方にくっつく薬もあるの？

博士　うん、胃潰瘍（いかいよう）などの人が、胃酸を抑えるために飲む薬は、Ｈ２受容体だけをふさぐタイプ。「Ｈ２ブロッカー」って言うんだけど、最近は薬局でも買えるようになってるね。

ショ　ちなみに、花粉症の薬で眠くなっちゃうのはなぜ？　眠り薬でも混ぜてるの？

博士　いや、これは脳の中にもＨ１受容体があって、ここに薬がくっつくと、眠くなるような仕組みなんだ。

ショ　まーた別の鍵穴か。ややこしいなぁ……。

博士　まあ最近は、脳に入っていかない花粉症の薬も作られてるから、眠くなると困る人は、そっちを飲めばＯＫ。

ショ　そっかぁ……、私が飲んでるのは、眠くなるタイプなのかな。

博士　ショウコが眠いのは、いつもぐうたらしてるからなんじゃない？

ショ　いま何か言った？

博士　あ、いやいや……。で、この副作用を逆手にとって、同じ成分が「眠り薬」として売られてたりもする。「ドリエル」って薬。

ショ　え！　あれって、花粉症の薬なの⁉

博士　そうそう。中身はジフェンヒドラミンっていう、花粉症の薬と同じ成分なんだって。

ショ　なんか騙(だま)された気がするなぁ……。

博士　まあ、薬ってのは、主作用も副作用も紙一重(かみひとえ)で、使い方次第ってことさ。

根治療法を目指して

ショ でもさ、結局、薬はくしゃみや鼻水を抑えてるだけだよね。ビシッと治療して、一生症状が出ないようにはできないの？

博士 その方法はあることはある。減感作療法とか、免疫療法って言うんだけど。

ショ 聞いたことあるけど、どんな治療法なの？

博士 さっき、「免疫寛容」ってのがあるって言ったでしょ。要は、花粉に対しても寛容になるよう、免疫系を慣らしてやればいいわけだ。

ショ どうやるの……？

博士 花粉のエキスを、少しずつ量を増やしながら、注射で体に注入していく。

ショ ええっ、なんか怖っ！　大丈夫なの⁉　それでほんとに治るわけ？

博士 治る人は治るよ。俺も実は昔、その治療を受けてるんだけど。

ショ 何よ！　そうだったの？　知らなかったわよ〜。すっかり治ったってこと？

博士 うん。中学生の頃は、春になると鼻水ズルズルで大変だったけど、今はまったく症状が起こらないよ。

ショ　ええええ……いいなあ……。でも、そんなに効くんだったら、なんでみんな、その減感作療法をやらないの？

博士　時間がかかって大変なんだよ。２～３年間、ずいぶん注射されたよ、俺も。

ショ　それでも、このうっとうしいのが治るんだったら、やるけどな、私。

博士　いや、俺はたまたま治まったけど、必ず治るとは限らないんだ。しかも、下手をすればアナフィラキシーショックっていう、重大な副作用が起きるし。

アナフィラキシーショックとは、大量の抗原が血管内に入ることでショック症状に陥ること。呼吸困難、蕁麻疹（じんましん）、腹痛などがおもな症状。強い食物アレルギーやハチに刺されての死亡事故は、多くがこのアナフィラキシーショックによるものである。

ショ　うわ、それはいやだな……。

博士　まあ、きちんとやれば大丈夫とは言うけど、異物を注入して体を慣らしていこうってやり方だから、リスクはやはりゼロではない。

ショ　３年も注射を続けるってのも、つらいな。せめて飲み薬にならないの？

博士　口に含んで吸収させる方法も試されてる。ヨーロッパでの試験では、ある程度効果が出ているらしい。

ショ　さすがに、花粉症のために、あまり危険は冒したくないしねえ。

博士　そこが花粉症治療の大きな問題で。たいていは2カ月くらい我慢していれば治まるし、直接命に関わるわけでもないんで、リスクのある方法が採れないんだよね。どんな治療法でも、ある程度リスクのある方法から始まって、それを少しずつ改善していくものなんだけど。

ショ　トータルで見ると、花粉症による損害ってすごいだろうけどね。

第一生命経済研究所によれば、花粉症による経済的損失は年間5000億〜7000億円に達するという。これは2005年のデータなので、患者数の増えた今では、さらに増加していると思われる。

抗体医薬はどうか？

ショ　そういえば、一回注射をすると1年は症状が出ない、っていう薬もあるって友達が言ってたけど、それはどうなの？

博士　ステロイド注射のことかな？　やはり強い薬なんで、副作用もあるみたいだよ。極端に重症の人なら別だけど、おすすめしないっていう医者も多いよ。

ショ　やっぱり、そううまい話はないか。

博士　「オマリズマブ」っていうアレルギーの新薬もあって、これは花粉症にも効くし、安全性も高いという結果が出てる。

オマリズマブは、ＩｇＥに結合して働きを止める薬。対症療法であった今までの薬に比べ、より根本からアレルギー反応を止めることができる。

ショ　まためんどくさい名前ね……。でも、いい薬なのね、それは。

博士　でもこの薬は、他の薬が効かない喘息（ぜんそく）患者にだけ、認可されているんだよね。

ショ　え、何だかケチくさいわね。効くなら、花粉症にも出してくれればいいのに。

博士　いや、オマリズマブってのは、抗体医薬という新しいタイプの薬でね。バイオ技術を使って生産するから、どうしても高くつくんだ。

ショ　多少高くても、効くなら売れるんじゃない？　患者数は多いんだし。

博士　喘息用のオマリズマブは、薬価が一回７万円以上するって。

ショ　うわっ。一発で完全に治るなら７万円くらい出すかもしれないけど、そういうわけでもないんでしょ？　じゃあ、ちょっとねえ……。

抗体医薬は、最近新薬が相次いで出ている領域。がんやリウマチなど、今までよい治療法のなかった病気で、大きな成果を挙げている。ただし、製造が難しいなどの理由で高くつき、ものによってはひと月の薬代が１００万円を超えるものさえあるため、医療費の面から大きな問題となっている。

ワクチンは成功するか

博士　まあそういうわけで、どの方法も一長一短があるんだよね、今のところ。

ショ　危険がなくて、安上がりで、一発で一生効くようなものって、やっぱり難しいのかしら。

博士　今、花粉症ワクチンっていうのが研究されていて、可能性がありそうだよ。

ショ　花粉症の？　ワクチンって、インフルエンザとか風疹（ふうしん）とか、伝染病の予防をするものなんじゃないの？

体内に病原菌が入ると、体はこれをやっつけるために抗体を作るが、若干時間がかかる。そこで、発症しない程度に弱らせた病原体などを注射し、あらかじめ抗体を体内に作っておけ

ば、感染した時に発症を抑えられる。これがワクチンの原理である。

博士　これと同じように、花粉アレルギーのもとになる物質に手を加え、花粉症を起こさなくしたものを注射するってこと。

ショ　それは、減感作療法っていうのとは何が違うの？

博士　原理的には減感作療法より安全だし、何回も注射をしなくて済む。

ショ　ふーん……それはいけそうなの？

博士　動物実験レベルでは成功しているらしい。うまくいけば２０１８年か２０１９年には発売するプランらしいよ。

ショ　おお、あと数年の辛抱か！

博士　これが成功したら、同じ手を使って、スギ以外の花粉症もすっかり撲滅（ぼくめつ）できるかもしれないし、その他のいろいろなアレルギーの治療にも応用できる可能性があるから、期待したいよね。免疫学は日本が頑張っている分野なんで、これからも世界の人に貢献できる研究が、たくさん出てくると思うよ。

ショ　ぜひ、一日も早くお願いします！

第8話　「頭の良くなる薬」が欲しい！

サトウ博士（以下博士）　うーむ……。

ショウコ（以下ショ）　どうしたの、頭なんか抱えて。

博士　うーむ、まあねえ……研究ってのはうまくいかない時もあってだねえ……。

ショ　あら、いつもうまくいってないじゃない。今に始まったことじゃないんだから、そんなに落ち込まなくても……。

博士　うるさい！　それでも研究者の妻か！　デリカシーがないな、まったく。

ショ　まあカリカリしないで、コーヒーでも飲みなさいよ。

博士　今回ばっかりはいくら考えても、研究の展望が見えないんだよねえ。俺の脳みその限界かなあ、これは。

ショ　あら、あなたもそんなこと言うのね。いつも自信満々に、「俺は何でも知ってるぞ」って顔してるじゃない。

博士　いやあ、研究所なんてところにはさ、頭のいい奴は数限りなくいるのよ。俺なんかその他大勢でね……。

ショ　あ、いじけた。

博士　もうちょっと頭が良く生まれたかったなぁ……と思うよ、ほんと。

ショ　まーたぜいたく言ってんだから。だったら「頭の良くなる薬」でも作って、自分で飲んでみたらいいじゃない。

博士　あー……頭の良くなる薬か……。

ショ　え？　何？　まさか作れるの⁉　だったら私だって欲しいけど！

魚を食べると頭が良くなる？

博士　そりゃぁ、もう誰もが欲しいものなんだから、いろいろな形で研究されてるよ。

ショ　そんなものがあるんだったら、なんでみんな使わないの？　あ、もしかして……、またヤバい薬？

博士　ヤバいのから、ただの栄養成分みたいなものまであるよ。まあ「頭の良くなる食事」みたいなのはよくあるよね。

ショ　そういえばスーパーに行くと、「♪魚を食べると頭が良くなる〜」って歌が流れてるけど、あれってどうなの？

博士　ああ、ＤＨＡ（ドコサヘキサエン酸）のことかな。もともと脳にたくさんある脂肪酸なんだけど、植物油なんかには少なくて、魚にはかなり多く含まれている。だから魚を食べて補給しよう、ってことなんだろうね。

ショ　脂肪で頭が良くなるの？　あんまりありがたみがない気がするけど。

脂肪酸はお腹につく脂肪のもとだけでなく、細胞を包む膜の原料でもある。ＤＨＡは、細長

くしなやかな分子で、膜を柔らかくしてくれる。脳の神経細胞は、星状の複雑な形のために柔らかさが必要で、そのためＤＨＡを多く含むのではと言われている。

博士　まあ文字どおり、頭を柔らかくしてくれる物質ってことだね。ただ、これをやたらに食べればいいかというと……。

ショ　やっぱりダメ？

日本植物油協会の見解によれば、ＤＨＡが不足すれば脳の活動は低下するが、補給すればもとに回復するだけであり、ＤＨＡの摂取によって持って生まれた知能レベルが良くなるわけではない、としている。

博士　まあ、そりゃそうだね。ただ、不足しないように摂取することは重要だし、ＤＨＡは心臓病予防なんかにも効果あり、という研究もあるから、魚が健康にいい食品なのは間違いないけどね。

ショ　了解！　明日の夕食は焼き魚で！

賢くなる(!?)人類

ショ　となると、食事で簡単に頭が良くなるってのは難しいのか。

博士　もちろん、栄養状態は、頭脳の質にかなり関与するだろうけどね。人類の祖先は、火を使って調理することを覚えたおかげで、炭水化物の消化吸収がよくなった。これが頭脳の発達につながったという見方がある。

ショ　へー。これからも、頭が良くなる余地ってあるのかしら。

博士　実は、まだ人類の知能は伸びているらしいよ。**この100年間で、人類の平均知能指数は年間0・3ポイントずつ向上しており、この傾向は世界各国で共通している。**

ショ　え?　世界中の人が、一斉に頭が良くなってきているの?

博士　もちろん、知能指数だけで人間の知能すべてが測れるわけではないけれど、上昇傾向であること自体は間違いなさそう。で、栄養状態の改善が、その理由の一つじゃないかと言われている。

ショ　ううう、腹いっぱい食べてるのに頭が良くなってないぞ、私……。

博士　今や、小さい頃からスマホやパソコンを使いこなす時代だから、そういう情報環境の進化に適応して、知能が伸びている面もありそうだけどね。

ショ　でも、昔に比べてそんなに世の中みんなが賢くなってるかなあ？

博士　確かに。たとえば１００年前って、アインシュタインとかピカソみたいな歴史的人物がたくさんいたけど、今の世の中にはそういうすべてをひっくり返すような大天才はあまりいない気はするよね。

ショ　今の音楽家が、モーツァルトやベートーベンを超えてるとは思えないし……。

博士　まあ、何をもって「頭がいい」「知能が高い」とみなすかは難しいよね。創造的な才能は数値化しにくいから、特に天才の評価は難しいだろうな。

現代は、覚えるべきこと、処理すべき情報量が、以前に比べて圧倒的に増えている。これらをこなす能力は向上したが、その分、真にクリエイティブなことに時間を割けなくなっているのかもしれない。

うま味調味料と脳

博士　そういえば、うま味調味料を食べると頭が良くなるっていう話が昔あったんだけど、聞いたことない？

この話は、１９６０年に出版された『頭のよくなる本』（林髞著、光文社）で世に広まった。うま味調味料の主成分であるグルタミン酸は、脳内で神経伝達物質として働くため、たくさん食べれば頭が良くなるというもの。

博士　一見もっともらしいけど、やはりそう簡単ではなくてね。伝達物質ってのは、記憶や思考に不可欠ではあるけど、それがたくさんあれば頭の回転が速くなるわけじゃない。

ショ　調味料たっぷりのラーメンばっかり食べてりゃ東大に入れるんだったら、誰も苦労しないもんね。

博士　そういうこと。グルタミン酸は、いわばエンジンを回すためのエンジンオイルに当たる。エンジンオイルは車に不可欠だけど、たくさん入れるほどエンジンの性能が上がるわけではない。

ショ　じゃあうま味調味料は関係なしか。

ただし最近、入院中の高齢者にグルタミン酸を多く含む食事を与えたところ、認知症の症状が改善したという研究もある。

博士　まあ、食事を美味(おい)しく感じるから、たくさん食べられるようになって、元気が出たというだけかもしれないけどね。

ショ　でも、それで症状が少しでも良くなるのなら、いいことよね。

博士　実は認知症の薬にも、グルタミン酸の研究から生まれたものがあるんだよ。

「メマンチン」という薬は、脳内のグルタミン酸受容体に作用することで、記憶力低下などの症状の進行を抑えるとされる。

博士　メマンチンは、グルタミン酸の構造をもとにしてできた薬なんで、一応「うま味調味料で頭が良くなる」という説が、形を変えて実現したと言えるかもね。

薬は効くのか？

ショ　ね、そういう認知症の薬って、普通の人が飲むとどうなるの？　ちょっとは記憶力が上がったりしないの？

博士　いい質問で。記憶力が上がると言われているものがいくつかあるよ。いわゆる「スマートドラッグ」ってやつ。

ショ　それで頭が良くなっちゃうの？

博士　脳の神経に作用する物質だからね。普通の人に対しても、何らかの効果があっても不思議じゃあない。

たとえば「ピラセタム」という薬は、認知症や失読症の患者に対して使われるが、普通の人も、これを飲むことで記憶力や学習能力が上がるという話がある。

博士　他にもいろいろな種類があって、アメリカなどでは比較的手に入りやすいらしい。

ショ　なんか、進んでるというか、何というか……。効果はあるの？

博士　こういうのは、きちんとした臨床試験をして「記憶力が良くなる効果があります！」と実証して売っているわけではなくて、他の病気のための薬を流用してるだけだからね。学術的に信頼できるデータはあまりないだろうな。

ショ　思い込みで効いちゃう部分も大きそうだよね。「俺は薬を飲んだから何でも覚えられる！」みたいに。

博士　確かに、プラセボ効果も大きそうで、はっきりしたデータは出しづらいかな。

ショ　もし安全なら、使ってみたい気もするけどねえ。大丈夫なものなの？

博士　健康な人なら、ほとんど副作用は出ないとは聞くけど。ただピラセタムは、脳内での作用メカニズムがはっきりしてない。長期的に飲み続けた場合どうなるか、保証はないのが現実だね。

覚せい剤でお勉強!?

博士　でもこういう能力向上薬ってのは、今に始まったものでもないんだよね。有名なところでは「アンフェタミン」ってのがある。目が冴えて集中力が上がるんで、空軍でパイロットに与えたりしてた。

ショ　目が覚めるの？　それは欲しいな。

博士　まあ、世間では「覚せい剤」と呼ばれるやつだけどね。

ショ　ちょっとちょっと！　ダメじゃんそんなもの！　じゃあ今は使われてないんだね？

博士　ＡＤＨＤ（注意欠陥多動性障害）の治療薬としても使っている国があるんで、手に入るところでは入るんだよねえ。ただ、今の日本で使うと法律違反になる。

ＡＤＨＤは、「年齢や発達に不釣り合いな不注意さや多動性、衝動性を特徴とする発達障害」と定義される。集中力を高めるアンフェタミンは、この症状に有効とされる。

ショ　いくら集中できるとしても、そんなものまで使って勉強したいかなあ……。

博士　すごい効率でものが覚えられると言うけどね。真偽のほどは知らないけど。

戦後に書かれた坂口安吾の随筆には、将棋指しが対局中、疲労回復と集中力向上のために覚せい剤を服用し、勝利するシーンが登場する。ただしこれは１９５１年の覚せい剤取締法の施行以前で、違法とはされていなかった頃の話である。

博士　やはりＡＤＨＤの治療薬として使われる「メチルフェニデート」（商品名リタリン）も、スマートドラッグとして一部で使われている。これは違法薬物ではないけれど、いろいろ規制がかかってる。

ショ　副作用もあるんじゃないの？

博士　リタリンを飲んだ日は頑張れるけど、翌日は疲れ切って動けなくなるという話は聞いたことがあるな。その他、いろいろな精神症状を引き起こすし、依存性もあるから、とうてい勧められるようなもんじゃない。

ショ　あなた、いくら研究に行き詰まってるからって、変な薬に手を出さないでよ。まあ、そんなもの買えないんだろうけど……。

博士　それが、俺ら化学者は、自分で合成できちゃうんだなあ……。

ショ　ちょっと！　ほんとにやめてよ!!

博士　やらないやらない。化学者は、その気になればいろいろなものを自分で作れちゃうんだけど、その分、危険性もよく知ってるからね。化学を知れば知るほど、そういうことはしなくなる。

ショ　あなたはそういうことをやる人じゃないとは思っているけどね。でも、絶対に誰もやらないかっていうと、ちょっと心配だな。

進化するスマートドラッグ

博士　ただ、そういう危険なものだけじゃなく、いろいろ新しい薬も出てきていてね。たとえば「モダフィニル」っていう薬は、覚せい剤みたいな習慣性なしに、集中力を高めてくれるらしい。たぶん今後も、さらに強力な薬が出てくるだろうね。

ショ　ちょっと怖いなあ。そこは人間が踏み込んじゃいけない領域じゃない？

博士　でも、もうアメリカなんかでは、だいぶこういう薬が浸透してきてるようだよ。**ある調査によれば、米国の大学生の7パーセント、研究者の最大20パーセントが、モダフィニルなどの服用経験があると回答している。**

ショ　えーっ、それって、ドーピングじゃん。

博士　まさに。向こうは学生の試験も厳しいし、研究者も業績を挙げないとすぐにクビだから、プレッシャーはきついよね。で、こういう使い方が出てくるのかも。

２００８年、有名な科学雑誌『ネイチャー』は、「責任能力がある成人は、薬による認識能力の増強を認められるべきだ」とする論説を載せた。現在のように野放しで用いられている状態より、認可した上できちんと指針を定めて用いる方が安全だ、という論旨であった。

ショ　でも、そういう不自然な手段で知能を伸ばすってのは、やっぱり抵抗があるなあ。

博士　ショウコの言ってることはわかるけどね。ただ、もう人類は、医療というある意味不自然な手段で寿命を延ばしたりしているわけで。家を建てて住んだり、服を作って着たりってのも、自然ではまったくないよね。

ショ　うーん、でも、テストの前に薬を飲んでくる子がいたら、不公平じゃない？

博士　確かにそうだけど、スポーツでもドーピングはダメだけど、いいシューズを履いて記録を伸ばすのは、ルールの範囲内だよね。線をどこに引くかの話だよな。コーヒーだって、目が冴えて頭がシャキッとするけど、試験前にコーヒーを飲むのは自由でしょ。

ショ　調子に乗って飲みすぎる人とかが絶対出てくるよ、そんなの。

博士　そのへんは問題だよね。今後いくら進歩しても、薬である以上は副作用ゼロということは絶対にありえないし。

アメリカでの調査によれば、「五輪で金メダルを取れるならば、５年後に死ぬとわかっていてもドーピングをするか」という質問に対して、実に52パーセントのアスリートが「イエス」と答えている。

博士　研究者も負けず嫌いだし、多少無理してでも頑張っちゃう人種だからね。危険な使い方をする人が出てくる可能性はあるだろうなあ。

ショ　学習塾が生徒にこっそり薬を飲ませて、成績を上げさせようとするなんて話も出てきそうじゃない？

博士　悪い経営者が作業効率を上げるために、従業員に薬を飲むことを強要したりとかね。あるいは、ある会社の社員が薬を飲むことで、すごい新製品を続々と開発しはじめたら、ライバル会社も対抗上、薬を使わずにいられるかどうか。

ショ　そうやって頭を良くした人が、歴史を変えるような発明をたくさんしてくれるかもしれない、ってのはあるなあ。

博士　すごい弊害が出てくるか、人類の大きな進歩になるか、紙一重だよね。そしてこれは空想の未来社会の話ではなくて、現在すでにそういう時代に入りつつある。このことは、みんなが考えておくべきことだと思うよ。

第9話　『ドラえもん』の道具」が欲しい！

サトウ博士（以下博士）　どうしたの、何読んでるの？　あれ、『ドラえもん』!?

ショウコ（以下ショ）　あはは、部屋の整理してたら、昔読んでた『ドラえもん』が出てきちゃって、つい読み返してたの。

博士　『ドラえもん』は俺も小さい頃に揃えてたんで、実はマニア級に詳しいよ。大人になってから読み返すと、またいろいろ発見があるよね。

藤子・F・不二雄の代表作『ドラえもん』は、1969年に連載を開始した。漫画の単行本

の総売上は1億8000万部。映画は2014年までに34作品が製作され、累計動員数は日本映画史上初めて1億人を突破した。テレビアニメは、日本はもちろん世界各国で放映されており、『ドラえもん』によって日本文化を知ったという外国人も多い。

ショ　なんてったって夢があるから、どこの国でも受け入れられるよね。

博士　『ドラえもん』の影響で、技術者や研究者になったっていう人も多いよ。日本のロボット技術が世界一なのは、確実に『鉄腕アトム』と『ドラえもん』と『ガンダム』のおかげだと思うよ。

ホンダの開発した二足歩行ロボット「ASIMO」は、「鉄腕アトムを作れ！」という命令でプロジェクトが始まった。また、ドラえもんを実際に作ろうという計画も、いくつか存在する。

博士　世界に広く夢を与えてくれたんだから、やっぱりすごい作品だよ。

ショ　そうよ、あなただって「夢をかなえる研究」をしてるんでしょ？　それなら、ドラえもんを作ってよ！　誰だって欲しいはずよ！

博士　今のロボット技術なら、結構なものが作れると思うよ。俺の子どもの頃は、ロボットの二足歩行なんて夢のまた夢だったのに、今やブレイクダンスまでこなすからね。

実現したドラえもんの道具

ショ　じゃあ、あとは、ひみつ道具を作ってもらわないとね。とりあえず「タイムマシン」と「どこでもドア」！

博士　いやあ……さすがに、「タイムマシン」や「どこでもドア」はちょっと……。１００年後にはできてるのかもしれないけど。

ドラえもんは２１１２年９月３日生まれ。今からほぼ１００年後の世界からやってきたという設定である。

ショ　じゃあ「スモールライト」は⁉　光を当てると小さくなるなんて、便利よね。

博士　いやぁ、やっぱり、人や物を縮めたり大きくしたりは無理なんだよね、原理的に。

ショ　なぁんだ、情けない……。「夢をかなえる化学」ってのは、その程度？

博士　でもさ、ドラえもんの道具も、いくつかは確実に実現しつつあるよ。たとえば「糸なし糸電話」ってのが出てきたけど、これは携帯電話そのものだよね。あと「インスタント旅行カメラ」なんかも。

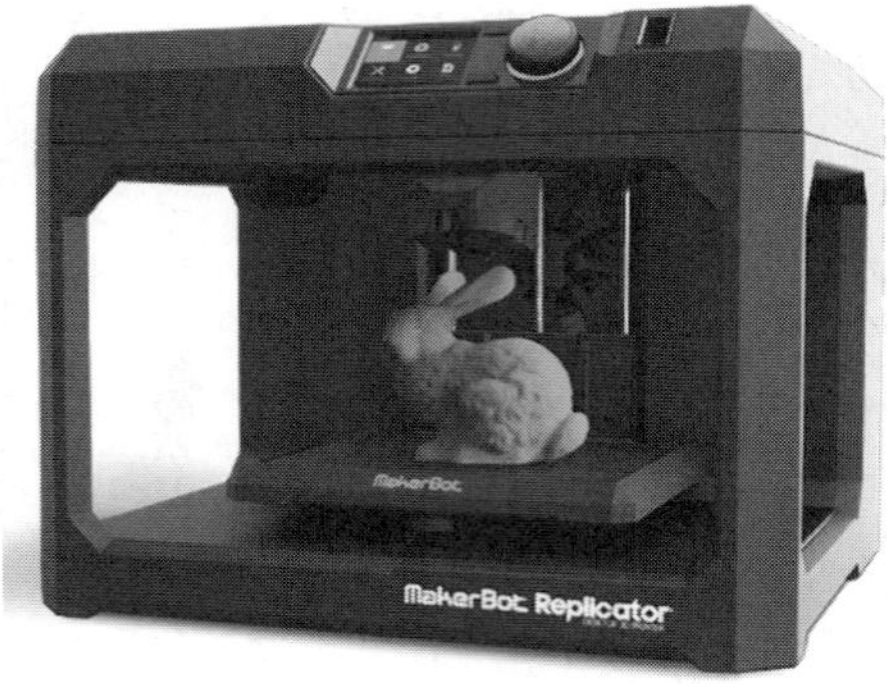

3Dプリンタ「MakerBot Replicator(5th Generation)」(写真提供:BRULÉ, Inc.)

ショ それって何だっけ……?

博士 観光地と自分の写真を合成して、旅行の証拠写真を作ってくれるカメラ。今なら画像処理ソフトでできるでしょ。

ショ まあそうだけどさ……、もうちょっと、夢のあるものがいいんだけど。

博士 箱の中身なんかが透視できる「XYZ線カメラ」も、すでに実現してると言っていいんじゃないかな。CTスキャンとか超音波写真なんかそうだよね。

ショ 今は大きい病院になら普通にあるけど、たしかに、考えてみりゃすごい発明よね。お腹の中の赤ちゃんが、どういう表情をしてるかまでわかるんだもの。

博士 紙に載せたものを、そっくり立体的にコピーしてくれる「立体コピー紙」は、最近注目されている「3Dプリンタ」に近いんじゃないかな。

ショ 聞いたことあるけど、どんなの?

博士　要するに、パソコンで作ったデジタルデータを、立体として作ってくれるプリンタだよ。

3Dプリンタにはいくつかタイプがあるが、冷やすと固まる樹脂や、色をつけた石膏などを設計図どおりに積み上げ、望みの形を精密に作るものが主流。数百万円していたが、最近では十数万円程度のものも登場した。

ショ　人形でもアクセサリーでも、できちゃうのか！　楽しそうだな。

博士　今まで作りようのなかったものを個人で作れるから、インターネット以上の革命が起きるという人もいる。「欲しいものはネットでダウンロードして、好きな色と形にアレンジして3Dプリント」なんてことが、当たり前になるのかもね。

「タケコプター」は可能か

ショ　夢と言えば、やっぱりシンプルに、空を自由に飛んでみたいよね。「タケコプター」は作れないの？

「タケコプター」は、竹とんぼのような形状で、頭につけると自在に空を飛べる。『ドラえ

もん』の初回に登場し、作品を通じて最も登場頻度の高い道具の一つ。

博士 あれはね、真面目に考えるとなかなか面白くて、「タケコプターは実現可能かどうか」という問題が、実際に大学入試で出されたことがあるんだって。

ショ えーっ。でも、あんな小さなプロペラで、人一人飛ばすのは無理でしょ?

博士 もちろん出力も足りないんだけど、何より、プロペラ一つでは、原理的に無理なんだよ。

ヘリコプターは、プロペラ一つだと、本体が反動で逆回転してしまい、飛ぶことができない。そこで、大きなプロペラ(メインローター)の他に、後方に小さな「テールローター」がついている。これによって機体の逆回転を防ぎ、安定した飛行を可能にしている。

ショ なるほど、プロペラ一つでは無理なのか。

博士 「GEN」という会社の一人乗りヘリは、そこをうまく工夫して解決している。今のところ「タケコプター」に一番近い製品かな。開発者も「タケコプターのような存在になってくれるのが目標」と言っているらしい。

GENのヘリは、二つのローターが反対方向に回ることで、その場で本体が回転してしまうことを防いでいる。スキー場のリフトに直径四メートルほどのプロペラがついたような形で、

GEN の一人乗りヘリコプター（GEN H-4）
（写真提供：GEN CORPORATION）

価格は一台750万円。ただし、航空法によりさまざまな制限がかかる。

ショ　真面目に飛ぼうと思ったら、やっぱりそれくらいの大きさになるのか。あんな小さいのはやっぱり無理？

博士　漫画の「タケコプター」は、反重力を発生させて飛んでるって設定なんだって。で、コンピュータが脳波を検知して、行きたい方向に飛んでいくんだとさ。

ショ　そんな超ハイテクを、のび太は気軽に使ってたのか……。

博士　最近、頭に装着したヘッドセットで脳波を感知して、考えるだけでコントロールできるヘリコプターのおもちゃが登場したんだ。その面でも、タケコプターに近づきつつあるってことだね。

脳波で操縦するヘリコプター「Puzzlebox Orbit」
（写真提供：Global Trade）

水を固める「ふりかけ」

博士　最近、「これは完全に実現した！」ってのも出てきたんだよ。「水加工用ふりかけ」っていう道具なんだけど。

「水加工用ふりかけ」は、水にちょっと加えると、ゼリーのように固まる。それを透明な粘土のようにして彫刻に使ったり、大きな家を建てたりなど、自由自在にいろいろなものを作ることができるという道具だ。

博士　そうそう。それを、東大のグループが実際に作っちゃったんだ。「アクアマテリアル」という名前がついてる。

ショ　へーっ、面白そう。水みたいに硬くなるんじゃないんだ。

博士　うん、一種のジェルなんだけど、シリコンゴム並みに強靭（きょうじん）で、無色透明。そのくせ

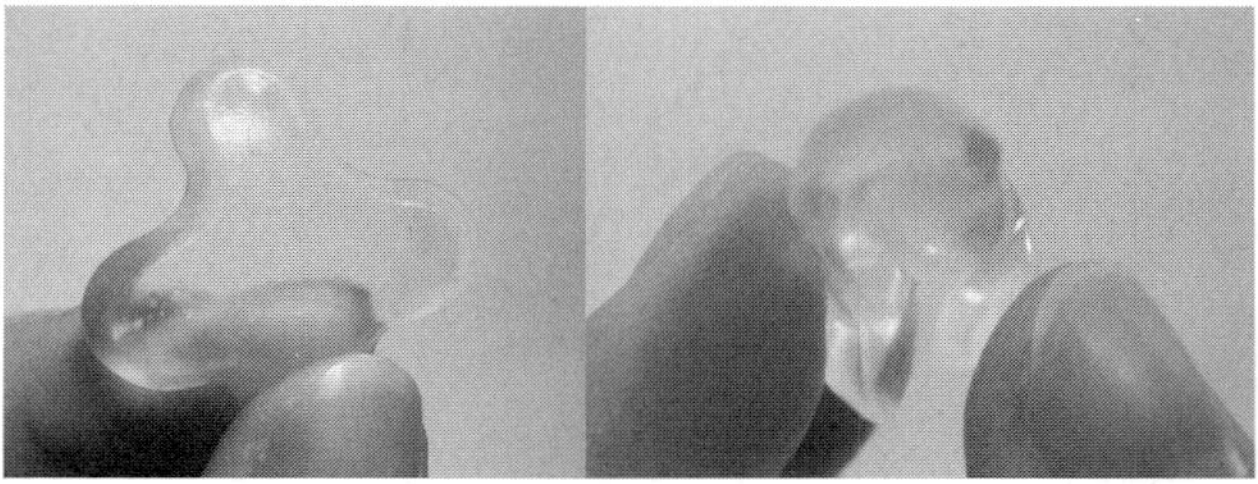
水から作られた「アクアマテリアル」(写真提供：東京大学相田卓三研究室)

95%以上が水だから、ひんやりしてて触ると気持ちいいよ。

ショ　え？　現物を触ったことあるの？　なに一人で面白そうなことしてんのよ。

博士　ははは、まあ役得だね。引っ張るとびよーんと伸びて、切っても、ぎゅっと押し付けるとまたつながる。熱にも強いし、もちろん燃えない。人体にも害はないし、着色もできる。石油をほとんど使わないで作れるのもいいところだね。

ショ　ほとんど水なのに、そんなに丈夫ってのが不思議だな。

博士　「デンドリマー」っていう分子がポイントなんだけどね。長い鎖の両端に、枝分かれがたくさん伸びていて、両手を広げたような構造になってる。で、その指先はプラス電荷を帯びてるんだ。

ショ　ふむ、何だかよくわからないけど。

博士　で、そこにマイナス電荷を帯びた、細かい粘土の粒みたいなのを入れると、プラスとマイナスで引き合うから、デンド

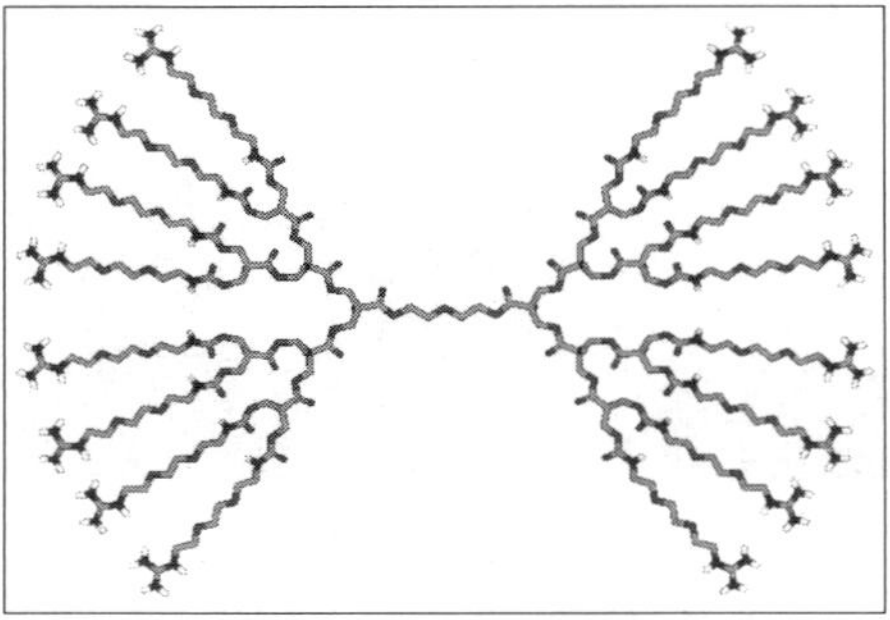

デンドリマーの分子モデル

リマーの指が粘土粒子をたくさんつなぎ合わせて、全体が網の目みたいになる。この網のすき間にたくさん水を抱え込んで、丈夫なネットワークになるんだ。だから干からびたりもしないで、何カ月でも水分を保っていられる。

ショ　ほー。……で、もう売ってるの？

博士　商品化はまだ。でも化粧品やおもちゃの会社、消防庁に至るまで、いろいろ問い合わせがあったようだから、そのうち身近で使われるようになるかもしれないね。砂漠緑化に使おうなんて人もいるようだよ。

ショ　どういうこと??

博士　砂漠に水をまいても、すぐ砂地に吸い込まれてしまって植物が育たない。でも、これを使えば水が蒸発も浸透もしないから、砂漠でも植物が育つかも、ってことらしい。

ショ　あ、それはいいねえ。日本の技術が役に立ちそうなのは嬉しいよね。

「透明マント」は可能か

博士　あと、最近実現の芽が出てきたのは、「透明マント」だね。**「透明マント」にくるまると、姿が透明になり、他の人から見えなくなる。『ハリー・ポッター』にも、同様のものが登場した。**

再帰性投影技術を用いた「透明マント」の現代版。(「光学迷彩」慶應義塾大学　稲見昌彦　写真・Ken Straiton)

ショ　マントをかぶって透明になれるの？　そりゃ無理でしょ。

博士　透明にはなれなくても、透明に見えるようにはできるんだよ。カメレオンみたいな感じだね。

ショ　カメレオン？　保護色ってこと？

博士　まあそうだね。マントに、

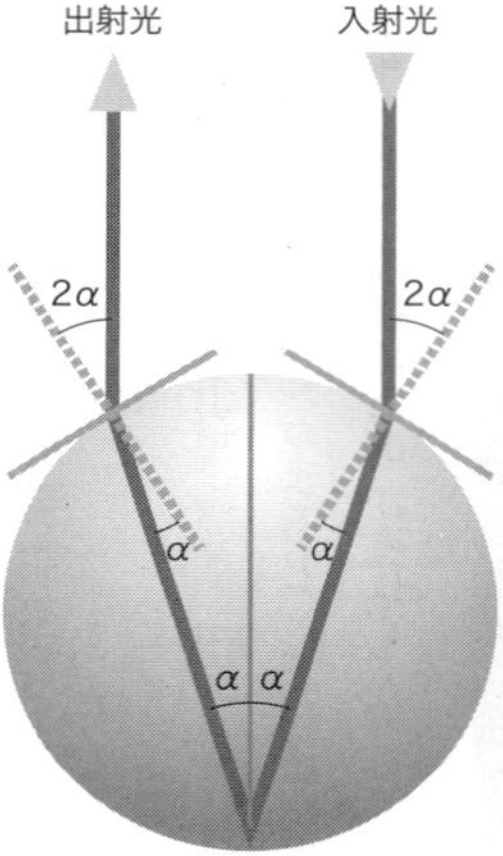

再帰性反射材のしくみ

再帰性反射材を用いた国道の標識

その背後に隠れているはずのものの映像を映しちゃうわけ。すると、一見、背後が透けて見えているみたいになる。

ショ　ふーん、なるほど……。でも、そんなにきれいに映るものなの？

博士　マントを「再帰性反射材」という素材で作ってる。道路標識なんかで、ライトを当てると光ってよく見えるものがあるよね。

ショ　ああ、あれは夜でも見やすくていいわよね。でもあれ、どうして光るの？

博士　ガラスの小さなビーズをたくさん埋め込んであるから、入ってきた光はその中で反射して、９割以上が光源の方向へ戻っていくんだ。だから、明るく見える。

ショ　マントが、よく光るスクリーンになるってわけか。

博士　そういうこと。いろいろと使い道が考えられていて、可能性は広そうだよ。**たとえば、手袋を「透明化」することで、外科手術の時に手の陰になって見えない部分をなくす応用が考えられている。また、車の後部座席に応用することで、バックでの駐車を楽にした「透明な車」も試作中だ。**

博士　これを開発している慶應義塾大学の稲見教授は、やはり『ドラえもん』からアイディアを得たと言ってるらしいよ。

ショ　なるほどなあ。でもそれって、横から見たら透明に見えないいんじゃない？

博士　おっしゃるとおり。ある一定の角度から見た時だけ、「透けて」見える。

ショ　うーん。となると、ちょっと「透明」と言うのは抵抗があるな。

博士　本当に透明になる物質も考えられてるよ。「メタマテリアル」という名前の物質。

ショ　それがなんで透明になるの？

博士　ふつうメタマテリアルというのは、屈折率がマイナスになる物質を指す。

ショ　何だそりゃ。

我々は、物体に当たって反射した光が目に入ることで、その存在を感知する。そこで屈折率

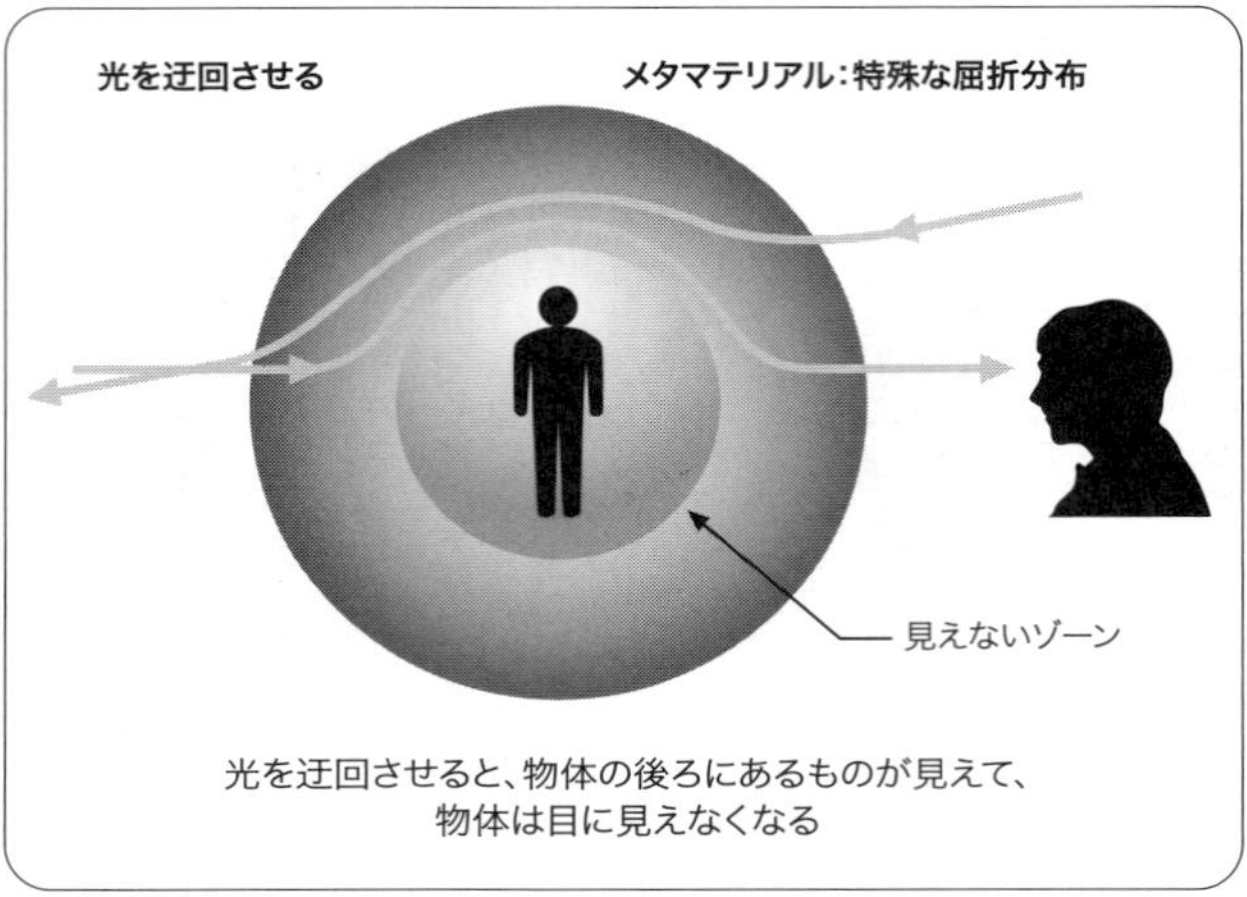
光を迂回させる
メタマテリアル：特殊な屈折分布
見えないゾーン
光を迂回させると、物体の後ろにあるものが見えて、
物体は目に見えなくなる

メタマテリアルのしくみ

がマイナスの物質を作り、その物質の後ろにある物体から反射した光をうまく迂回させれば、あたかも物体がまったく存在しないかのように見せることができる。

ショ　何だか実際に見ないと想像がつかないなぁ。あ、見えないのか。

博士　まあ理論的に考えられてるだけで、現物はまだできてないんだけどね。

ショ　なあんだ、できてから言ってよ。

博士　ただ、マイクロ波という波長の長い電磁波に対して屈折率がマイナスになるものは、すでに作られている。可視光線もマイクロ波と同じ電磁波の一種だから、原理的には同じものが作れるはず。

ショ　どうするの？

博士　マイクロ波は波長がセンチメートル単位だから、それに対するメタマテリアルもセンチメートルレベルの構造でいい。でも、可視光線は波長がナノサイズ（10億分の１メートル）だから、対するメタマテリアルも、波長に合わせてナノサイズの作り込みをする必要がある。

ショ　よくわかんないけど、要するに無茶苦茶難しくて、実際にできるのはずっと先ってことね？

博士　と思ってたんだけど、最近になってかなり透明材料に近いメタマテリアルを、数センチ大に作ることに成功したという話があった。こういう研究は兵器開発に直結するから、実は我々の知らないところですごいものが出来上がっている可能性もあるだろうな。

水中で呼吸ができる？

博士　あと、「エラチューブ」って道具も、近いものができつつある。

「エラチューブ」は、水中にもぐる時に使う道具。鼻の穴に詰めておくと、水を分解して酸素を取り出してくれるので、長時間呼吸ができるというものだ。

ショ　ダイビングをやる人にとっては、すごく欲しい道具だよね。

博士　光のエネルギーで、水を水素と酸素に分解してくれる「光触媒（ひかりしょくばい）」が、今すごい勢いで研究されてるんだよ。

ショ　それってそんなに重要なの？　昔、私も理科の授業でその実験をやった気がするけど。

「水の電気分解」は、化学の授業でよく行なわれる、基礎的な実験の一つ。食塩水に電流を流すと、陽極と陰極に、それぞれ酸素と水素が発生する。

博士　うん、反応はそれと同じだね。ただ、それを「光のエネルギーでやる」っていうのが重要。で、今、研究されているのは、酸素じゃなくて、水素が欲しいからなんだ。

ショ　水素が何かの役に立つの？

博士　水素っていうのは、燃えるとエネルギー源になって、燃えカスは水だけだから、究極のクリーンエネルギーなんだよ。

ショ　じゃあ、電気分解で水素を作ればいいんじゃないの？

博士　それだと、取り出せる水素のエネルギーより、使う電気エネルギーの方が大きいから意味がないんだ。太陽光なら無制限に使えるから、いってみれば光と水からいくらでもエネルギーが取り出せることになる。

ショ　ほー。実際に作れそうなの？

博士　いろいろな金属と、酸素や硫黄を化合させたものが「触媒」になる。実際に、この触媒を水に入れて光を当てると、ぶくぶくと水素と酸素の泡が出てくる。

ただし今のところは、照射した光エネルギーの１パーセント以下しか水素生成に生かされない。この効率を上げることと、耐久性を向上させることが今後の課題だ。

ショ　ふーん、そんなにありがたいのかな。いまいちピンとこないけど。

博士　……と思うでしょ⁉　でもこの間、その研究をやってる知り合いの若手研究者が、すごい待遇でアラブの大学に引き抜かれていったよ。セレブ用のリゾート施設みたいな、ありえないほど超豪華な研究所で、毎日実験しているようだよ。

ショ　マジで⁉　あなたもそういう研究をやりなよ！　引き抜かれるかもよ〜‼

博士　たしかにあれを見ると、ちょっとそういうことも考えたくなっちゃうなあ……。

ショ　でも、あのあたりの国は石油がいっぱい出るんでしょう？　なのに、そんな研究にお金を出すの？　商売敵になりそうなのに。

博士　産油国は今は景気がいいけど、いずれ石油を掘り尽くしてしまったら、おしまいなのは目に見えてるからね。お金のあるうちに次世代エネルギーの研究をしておこう、ってことらしい。ちゃんと考えてるよね。

ショ　なるほどなあ……。でも、これって、水素を作るためにはよくても、海の中で酸素を作って取り入れるのには向いていないんじゃない？

博士　確かに、海中は光があまり当たらないからね。そちらについては、一本打てば15〜30分間、呼吸せずに生存できる酸素注射ってのが最近発表された。

ショ　ウソでしょ⁉　どういうこと？

博士　酸素ガスを直接血管に送り込めれば、しばらく呼吸をしなくてもいいわけだけど、気体をたくさん注射すると、血管がふさがってまずい。そこで脂肪分でできた小さな「泡」に酸素を閉じ込めて注射すると、うまくいくことがわかった。

2〜4マイクロメートルサイズの酸素の「泡」を静脈に注射することで、15〜30分の間、血中酸素濃度が一定に保たれることが示されている。

ショ　へーっ、本当かなあ。

博士　もちろん原理的にはありうるけど、俺もにわかには信じがたい気はするな。まだ動物実験レベルだし、今後も研究が必要なのは確かだろうね。

ショ　重たいボンベを背負ってもぐる必要もなくなるのかな、これで。

博士　ただ、とりあえずは救急医療への応用が先だろうね。自発呼吸が止まると酸素が回らなくなって、数分で脳細胞が死滅し始める。この注射を使うことで、本格的な治療を受けるまでの間、酸素を補給できるようなら、生存確率はぐっと上がりそうだね。

科学者に無茶振りを！

ショ　こう見ると、ずいぶん『ドラえもん』の道具も現実になってきてるのね。

博士　こういうものが欲しい！　というはっきりした夢があると、人間って思わぬところまで行けちゃうってことだね。

ショ　「人間が想像できる範囲のことは、人間には必ず実現できる」ってことか。

博士　科学者ってのは大量の知識を持っているけど、逆にそれに縛られて、あまり突拍子もないことは思いつかなくなってるからね。一般の人が、「こんなものはできませんか？」って素朴に提案してくれることによって、すごいアイディアが生まれるかもしれない。もし科学者に会う機会があったら、素人考えだからなんて遠慮しないで、どんどん「無茶振り」をしてみてほしい、と個人的には思うよ。

Column2

透明ネズミ登場!?

透明人間の作り方が本文に出てきましたが、これと違う意味で「体を透明にする」技術が、最近いろいろと発表されています。たとえば理化学研究所（理研）のグループは、動物の脳を特殊な液体に２日から２週間ほど浸しておくだけで、ゼリーのように透明化させる技術を開発しました。

液体の主成分は尿素で、他に尿素を組織に浸透させやすくするグリセロールと界面活性剤が含まれています。これが内部まで染み込むと、光を散乱する脂質が取り除かれ、全体の屈折率が均一になって透明化するのです。処理した脳は、細胞の中まで形状を保ったままですので、内部まで詳細な観察が可能になります。

これを一歩進め、血液の色素などを抜いて全身を透明化する方法も開発されました。骨や内臓が透けて見えるマウスの姿は、まるでＳＦ映画のようです。全身を細胞単位で観察できるこの技術は、臓器の働きや病気の進行過程の解明などに役立つことが期待されています。

※実際には生きたまま透明化することはできません。

第10話　「若く美しく」してください！

サトウ博士（以下博士）　ただいまー。……うわっ、何だその顔！

ショウコ（以下ショ）　あらお帰りなさいー。そんなに驚かなくてもいいじゃない。

博士　あーびっくりした。キュウリのスライスなんか顔に乗っけて、いったい何のおまじない？

ショ　あら、キュウリパックってやつよ。美白効果があるのよ、これ。

博士　キュウリなんて気持ち悪くない？

ショ　あら、こんなの序の口よ。カタツムリを顔に這わせるエステだってあるし。

博士　カタツムリ？　なんでそんな罰ゲームみたいなことするの？

ショ　罰ゲームなんてとんでもない。オーガニックな食材を食べさせて育てた、エリートカタツムリを使うのよ。角質除去ができたり、高い保湿効果もあるんだって。

博士　カタツムリが角質除去ねぇ……そうまでしてきれいになりたいのか……。男にはわからんなあ……。

ショ　ウグイスのフンを洗顔に使うなんてのもあるよ。私はやったことないけど、角質を溶かしてくれるし、キメが細かいから毛穴の洗浄にいいんだってさ。

化粧も命がけ

博士　何だってするんだねえ……。まあ女性の美容ってのは、昔から何でもありだったからねえ。

ショ　昔のおしろいなんかは、毒みたいなのを使ってたから、それで命を縮めてたっていう話は聞いたことあるな。

博士　水銀とか鉛の化合物が使われてたからね。特に江戸時代の高貴な女性は、上半身に塗りたくっていたらしい。それがおっぱいを吸う時に赤ちゃんの体内に入っていってたんで、江戸時代の将軍には短命な人が多かったとか。……まあ、ほんとかどうかは知らないけどね。

ショ　昔の歌舞伎役者なんかも、それで体を壊していたとかいう話は聞くね。

博士　ヨーロッパでも、「ベラドンナ」なんて毒草を、化粧に使ってた時代がある。

ベラドンナはナス科植物の一種で、イタリア語で「美しい女性」を意味する。葉の汁には「アトロピン」という毒物が含まれており、これを点眼すると瞳孔（どうこう）が開く。このため、目が大きくぱっちり開いて見えるようになるので、ルネサンス期の婦人に愛用された。

ベラドンナ
（写真提供：株式会社花次郎）

ショ　毒を目に垂らしてたの？

博士　アトロピンは、地下鉄サリン事件の時に、解毒剤として応急処置に使われた薬剤でもある。「毒を以（もっ）て毒を制する」みたいなやり方だね。

ショ　目を大きく見せるために、毒で瞳孔を開かせてたのか……。でも、美は永遠の女の夢だから、目がぱっちりになるんなら、女性はやっちゃうかもね。今の技術で、もっと新しい美容法だってできてきてるんでしょ？

ボトックスあれこれ

博士　女性の美への執念ってのは恐ろしいねえ。最近流行の「ボトックス注射」なんかだって、使われているのはほんとに危険な毒だもんね。

ショ　ああ、シワが消せるとかいうやつだよね。どういうものなの、あれって？

博士　あれに使われているのは、ボツリヌス菌の作る毒素「ボツリヌストキシン」で、略してボトックス。

ボツリヌス菌は空気のない環境で生育する食中毒菌で、缶詰や真空パック内で増殖する。その毒素は、神経を麻痺させる作用を持つ。５００グラムあれば全人類を殺せる、というほど強力で、知られているあらゆる毒の中でも最強と言われる。

ショ　そ、そんなすごい毒なの!?　病気になったりしないの？

博士　細菌を使うわけではないんで、感染はしない。使う量を厳密にコントロールしていれば大丈夫だとはいうけど、まあちょっと、怖いことは怖いよね。

ショ　どうしてそれでシワが取れるの？

博士　顔の表情筋を動かす神経を麻痺させて、筋肉の緊張をゆるめるんだって。

もともとボトックス注射は、まぶたの痙攣（けいれん）や斜視（しゃし）などを治療する医薬として開発された。国によって、多汗症や片頭痛、尿失禁などの治療にも用いられる。現在の日本では、シワ取りなど美容目的の利用がほとんどになっている。

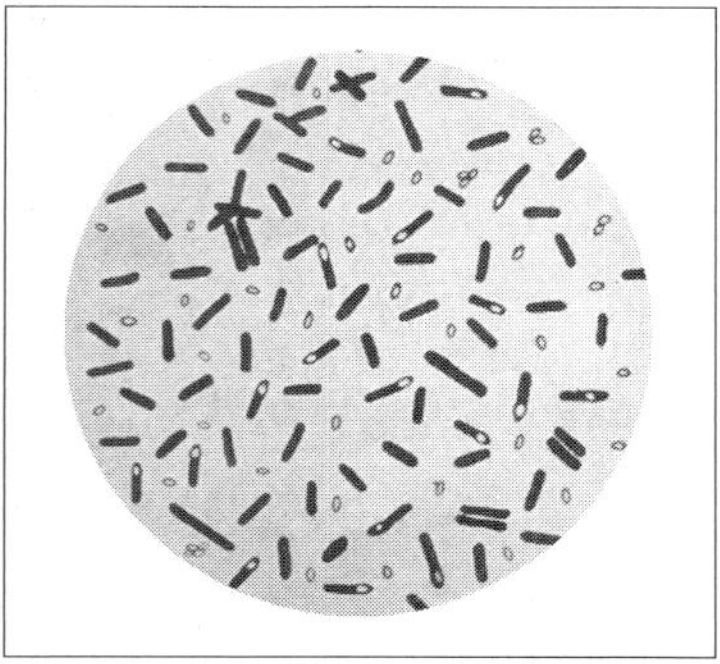

ボツリヌス菌

ショ　いろいろ使い道があるんだ……。でも、表情筋に作用するってことは、顔が動きにくくなるってことでしょ？

博士　量や場所を間違えると、表情が出にくくなるような失敗例はあるらしい。まあ、半年ほどでもとに戻るらしいけれどね。

ショ　整形してるって噂のある芸能人や有名人は、やっぱりどこかロボットっぽい、不自然な表情に見えちゃうよね。

博士　人間の目ってのは、微妙な表情の違和感を見分けちゃうからね。それだけじゃなくて、ボトックス注射には意外な「副作用」もあるらしい。**米国のチームは、いろいろな表情の人の写真を試験者に見てもらい、その感情を読み取らせる実験をした。するとボトックス注射をした人は、相手の感情を読み取る力が低下していることがわかった。**

ショ　えっ、どういうこと？　「ボトックスを打った人の顔から感情が読み取りにくくなる」ならわかるけど、打った人自身が他の人の感情を読み取れなくなるの？

博士　確かに不思議なんだけどね。どうも、人間というのは、無意識のうちに相手の表情をまねすることで、相手の感情を自分の感情として取り込んでいるらしい。でも、自分の顔が動きにくくなると、相手の感情の読み取りも、しにくくなるんじゃないか、っていうことみたい。

ショ　確かに、無意識のうちに「痛そう」って顔をしかめたり、「楽しそう」と思って笑ったりするけど、あれにはちゃんと意味があるんだね。

博士　「共感する」っていうのは、単に心だけの話じゃなく、肉体レベルでも反応して起きることなんだろうね。

まつ毛の伸びる薬

博士　女性として、あとは、どんなものがあればいいと思う？

ショ　そうだな……最近だと、長いまつ毛が流行りだもんね。つけまつ毛はかぶれたりもするし、やっぱり自前の長いまつ毛で目力アップしたいな。

博士　それも最近、「ルミガン」という新しい薬が出たよ。日本でも認可されて、「グラッシュビスタ」という名前で売り出された。

ショ　塗るだけでまつ毛が伸びるの？

博士　らしいよ。発見の経緯が面白くてね、もともとは緑内障の薬だったんだって。

ルミガンは、眼球内の水分を外部に流し出し、眼圧を下げることで緑内障の進行を抑える。ところが、この薬を点眼した患者に、まつ毛が伸びるという「副作用」が確認されたため、この作用をメインとした薬として再発売された。

ショ　じゃあ意図してできた薬じゃなくて、まぐれで見つかったの!?　薬って、そんな適当なものなの？

博士　当初意図していなかった作用が発見されて、そちらに適応疾患を切り替えて成功した薬はたくさんあるよ。人間の体は、まだまだわからないことだらけだからね。

有名な「バイアグラ」も、本来は狭心症の治療を目指したものだった。抗アレルギー剤の副作用である「眠気」を逆手にとり、入眠剤として販売しているものなど、ターゲットを切り替えて成功した例は数多い。

ショ　でも、なんでまた緑内障の薬で、まつ毛が伸びるの？

博士　毛包（もうほう）を刺激するからとかいろいろ言われてはいるけれど、ぶっちゃけあまりよくわかっていないみたいだな。いろんな作用を持つホルモンに似せて作った薬だから、どんな効果が出てもおかしくはない。

ショ　へーっ、でもそれ、欲しい！

博士　ただ、保険がきかないから、70日分が1万円以上と、結構高いみたいだね。つけまつ毛でいいんじゃないの……？　なんて俺なんかは思っちゃうけど、女性は欲しいんだろうねえ、それでも。

美白の真実

ショ　あとはやっぱり、「白くて美しいお肌」を手に入れたいわよねえ。ただ最近、美白化粧品で騒動があったからねえ……。

白樺（しらかば）の樹皮などから採れる美白成分「ロドデノール」を含んだ化粧品を使用した人に、顔や手などに白斑（はくはん）が生じるなどの被害が発生。製品は回収となったが、被害者は1万人にも及ぶと見られている。

ショ　何なの、ロドデノールって？

博士　肌の色のもとであるメラニン色素は、体内でチロシンというアミノ酸を原料に作られる。で、ロドデノールはチロシンにちょっと似た構造なんで、メラニンができる過程に割り込んで邪魔をする。それで、色が白くなるという話。

ショ　なるほど。肌の色を消すんじゃなく、色のもとを断つってことか。それが効きすぎちゃったわけね。

博士　化粧品の安全性試験は、医薬品なんかに比べるとずいぶん簡単だからね。今回のロドデノールも、かなり少人数で簡単にテストを済ませていたみたい。

ショ　ちょっとそれじゃあねえ……。もちろん、病気の人が飲む薬と、肌に塗るだけの化粧品は、同列には扱えないだろうけど。

博士　とはいえ、ロドデノールは皮膚の細胞内部に入り込んで、体内の酵素に結合して効果を表すわけだから、マイルドとはいえ、働きとしては医薬品に近い。それなのに、普通の化粧品と同じような試験で済ませてしまったのは、やはりまずかったと思うけどね。

ショ　何でも新しいものに飛びつくのも危ないってことか。

博士　ただこの会社は、積極的に新しい有効成分を探してきて、商品開発を頑張っている企業なんでね。効くかどうかもわからない成分を、さも有効なように謳って商売している会社よりは、研究者としてはずっと好感は持てる。これを教訓に頑張ってほしいと思うよ。ちゃんと試験して、安全なものを作るのが第一だけど。

ショ　誰でも簡単に白く美しいお肌、とはなかなかいかないか。

博士　まあ、今後もこういう成分の研究は進歩するだろうけど、やはり肌ケアの根本は紫外線に当たらないこと。実験で紫外線を使った化学反応をやってみると、本当にこれは「破壊光線」だなと実感するよ。

ショ　薬でごまかすんじゃなく、日傘なり、日焼け止めなりを使って、しっかり対策するのが基本ってことね、やっぱり。

血液クレンジングとは

ショ　まあでも、究極の夢は、やっぱり肌の若返りだよね。赤ちゃんみたいな肌に戻れるのなら何でもする、っていう女性は多いんじゃないかな。

博士　ちょっと検索すると、そういう美容法は山ほど出てくるんだよね。レーザーでシミ消し、ケミカルピーリングで皮膚再生、コラーゲンやヒアルロン酸注射でシワ消し、プラセンタ注射で美白、血液クレンジングでアンチエイジング……。

ショ　ヒアルロン酸とかプラセンタは有名よね。血液クレンジングってのは、前に雑誌の記事で見かけて、どんなのかちょっと興味はあるんだけど。

博士　体から血を１００ミリリットルくらい抜いて、オゾンを吹き込んで混ぜたあと、体内に戻すんだって。これで、血液が「洗浄」されて、若返るという話。

ショ　洗浄？　ってことは、オゾンってのは洗剤みたいなものなの？

オゾンは、酸素原子が3つ結合してできた気体。通常の酸素に、紫外線を浴びせたり放電することで生成する。極めて酸化力が強く、殺菌に用いられることもある。

ショ　殺菌できるのか。これで血液を洗って、若さとパワー回復って感じ？

博士　血液クレンジングを施術してる病院のウェブサイトを見ると、血流改善、代謝アップ、疲労回復、老化予防、果ては心筋梗塞、脳梗塞、糖尿病、がんにも有効とか、美容だけじゃなくすごい効能があることになってる。

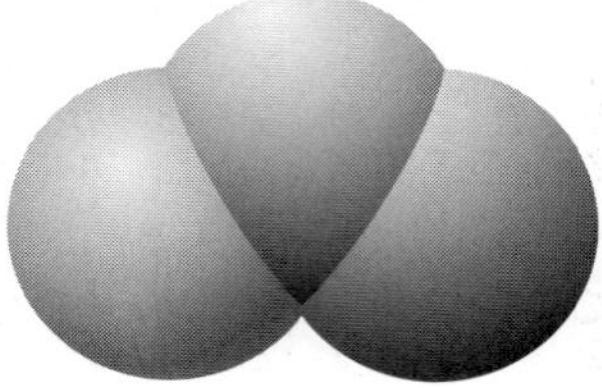

オゾン

ショ　……ほんとなの？

博士　オゾンを血液に混ぜると健康になれるという論文は、探してみたけど見当たらないね。オゾンは反応性が高いから、血液の重要成分が破壊されるはずで、いいことがあるとは思えない。

ショ　インチキってこと？

博士　もちろん、未知のメカニズムで効いている可能性があるから、インチキと断言はできないけど、化学者としては、こんな健康法はとても受ける気はしないね。

ショ そうなのか……。値段も、結構高かったようだけど。

博士 こういうのは保険のきかない自由診療だから、どうしても高くなる。

保険診療に入っている医療は、かなり厳しい審査がされた安全性の高いものとなっている。一方、自由診療は医者の裁量で行なわれるので、最先端の治療もあるが、科学的根拠が乏しいものも皆無ではないのが実情。

博士 まあ血液を採ってオゾンを混ぜて戻すなんて、看護師なら誰でもできるし、費用もからない。こんな簡単な方法で、言われているような若返り効果が本当にあるんだったら、とっくに広まって、保険もきくようになっていると思うけどね。

ショ でも、こういうものの良し悪しって、素人には見分けがつかないよ。

博士 一般的な見分け方は難しいけどね。ただ、あまりにも「何にでも効果がある」と謳っているものは、疑ってかかるべきかな。人体の仕組みは複雑だし、体の不調の原因なんて千差万別なんだから、一つの方法で万事解決、副作用もなし、なんてことはありえないんだよ。

ショ はいはい、気をつけるとします。

再生医療は「アリ」なのか

ショ　永遠に若く美しくなんてのが実現するのは、まだまだ先なのかしらね。

博士　ずいぶん進歩しているとは思うけどね。今後の美容法がどうなっていくかというと、再生医療の方向に行くんだろうとは思うよ。

再生医療とは、損傷を受けた生体の機能を、幹細胞などを用いて復元させる医療手法。自分の細胞から皮膚や臓器などを作り出し、移植手術を行なえば、拒絶反応などの心配なしに部位の復元ができる。未来の医療として期待されており、山中伸弥・京大教授の開発したiPS細胞も、この一翼を担う。

ショ　若い肌を再生させるの？　できたら嬉しいけど、何十年後じゃなあ。

博士　それが、もうずいぶんいろいろなことが試されてる。

ショ　マジで!!　効果あるの？

博士　たとえば、脂肪幹細胞を本人の組織から取り出して、顔やバストに注入するという方法が開発されてるよ。

人体にはさまざまな種類の細胞があるが、ある種の細胞が別の細胞に化けることは基本的にない。しかし幹細胞は、いくつもの種類の細胞を生み出す能力を持ち、しかも分裂増殖が可能である。

ショ　お腹や太ももから脂肪を抜いて、胸に注入するっていうのは昔からよく聞くけど、それとはどう違うの？

博士　脂肪だけを注入するのでは定着しにくいし、しばらくすれば吸収されてなくなっていく。幹細胞を注入すると、これが脂肪細胞をどんどん作り出してくれるので、自然で長持ちする、という話だね。

その他、細胞の増殖を促す「成長因子」と呼ばれるタンパク質を注入するもの、肌の修復を促す血小板という血液成分を注射するものなど、さまざまな再生医療の手法が、美容分野に投入されている。

ショ　はー、すごい時代だねえー。

博士　と、感心してばかりもいられない部分もあって。この手の方法は出てきたばかりで、まだしっかり安全性が確立されていない。保険もきかないから料金も高いのに、効き目が出ない――だけならともかく、しこりや後遺症が残ったなんていうトラブルも、少なくないみたい。

日本再生医療学会は2013年3月、美容分野における「細胞治療」について、警告を発する声明を発表した。美容業界で行なわれている細胞治療には、安全性と効果の科学的根拠に乏しい場合があるとしている。

ショ そりゃそうよねえ……。まだ始まって日が浅いから、今はよくても何年後かに症状が出ることもあるだろうし。

博士 「自分の体から採った細胞やタンパク質を使っているから安全」なんて書いてあるけど、やっぱりどういう影響が出るかなんて、簡単には読みきれないからね。

ショ こういう新しい美容法を受ける時には、事前にネットなんかでちゃんと情報を調べておけってことか。

博士 ところがこういうクリニックは、ウェブに詳しい専門のスタッフを雇って、自分たちのページが検索結果の上位に来るように工夫していたりする。ネガティブな情報は下位に押しやられてしまって、目につかないんだよね、えてして。

ショ そんなことまでしてるの⁉

博士 いまや美容外科の世界も、ずいぶん過当競争みたいだからね。

ショ うーん、お医者さんはそういう人たちだけじゃないと思いたいけどなあ。

博士 もちろん、医師の大半は真面目に仕事をしていると思うし、使命感に燃えて素晴らしい仕事をしている先生もたくさん知ってる。だけど、中には金儲けに走る人も、やはりゼロではないんだろうね。

ショ こういうの、規制できないの？

すでに、再生医療の安全性確保のための法案が提出され成立、2013年11月に公布、2014年11月に施行された。再生医療を行なう際には厚生労働省への届け出が必要になる。

博士 というわけで、今後は野放しではなくなりそうだよ。安全性も確立してないのに、一般の人に気軽に適用されていた今までが異常だったんだよね。

ショ 夢の美容法と思っていたら、シビアな話になっちゃったなあ。

博士 「美」に対しては、人は誰しも執念を燃やすから、技術も金も、怪しいやつも、どうしたって集まってくる。最新の方法にはリスクがあることを理解して、賢く選択しないといけないってことだね。

第11話　「美味しいもの」を作れますか？

ショウコ（以下ショ）　ただいまー。
サトウ博士（以下博士）　おかえりー。どうだった、友達は元気にしてた？
ショ　いやー、食った食った。美味しかったわよー、今日のイタリアン。
博士　友達じゃなく、食べ物の話かよ……。
ショ　あとね、デザートのスイーツも絶品！　いやー、幸せだわ、私。
博士　ほんとにショウコは食いしん坊だねえ。まあ、たまの女子会だし、楽しけりゃいいいけどね。

ショ　帰りにまた美味しそうな店を見つけたから、今度行きたいね。

博士　東京は美味（うま）い店が多いよねえ。海外から研究者を招待すると、「東京の食事が楽しみだ」ってよく言われるよ。

有名なグルメガイド『ミシュランガイド２０１３』では、東京地区で14軒が三つ星を獲得。これはパリを抑え、世界最多である。今や東京は、世界に冠たる美食の街となった。

味とは何か

ショ　日本人は味覚が繊細だし、器用だからね。あの味、家でもできないかなあ……。そうだ、化学って、味とも関係あるんでしょ？　化学の力で何とかできないの？

博士　いや、それは自分で料理の修業をしていただいてですね……。

ショ　なぁーんだ、やっぱり無理か。

博士　やっぱり、人間の感覚に関わるところの解明は難しいんだよ。何しろ、食事の味っていうのは、いろいろなファクターが絡むからね。たとえば、香りもすごく重要。

鼻をつまんでりんごジュースとオレンジジュースを飲むと、ほとんど区別がつかない。また、ある有名ブランドの炭酸飲料の、オレンジ味とレモン味の中身はほぼ同じで、香料だけの違いと言われる。

ショ　見た目も重要だし、口当たりや食感でも、全然味わいが変わっちゃうもんね。

博士　食べる人の食経験、体調次第で、美味い料理もまずく感じられるし、その逆もあるから、味の研究ってのは難しいんだよ。

必要なものは美味しい

ショ　そもそも、美味しい食べ物ってどういうものなの？

博士　まず基本として、美味い食べ物っていうのは、体に必要なものなんだよ。基本の味覚って5つあると言われてるんだけど、知ってる？

ショ　甘味、塩辛味、苦味、酸味、うま味の5種類でしょ。あまり主婦を舐めないでいただきたいわね、ホホホ。

博士　そうそう。で、甘味を感じさせる糖分は体のエネルギー源になるし、塩辛い食塩は体のイオンバランスを整える。

生命に必要な化合物を進んで摂取するようにするために、これらを取り入れると快さを感じるよう、人体は進化したと考えられる。

ショ　エネルギー源っていうと、脂っこいものってイメージがあるけど。

博士　うん、脂肪分が人間にとって、一番効率のいいエネルギー源ではある。なのになぜか、脂肪には味がないんだよね。

ショ　でもねえ、どうしても脂っこいラーメンとか、チョコレートを食べたくなる時はあるよね。太るとわかっていても、つい手が伸びちゃう。

博士　一説によるとね、脂肪分の一部は体内で変化して、「アナンダミド」という化合物に変わる。これは、マリファナと同じような作用を持っているらしい。

アナンダミドの語源は、サンスクリット語の「法悦」。マリファナは、この化合物と同じ受容体に作用し、快感を与える。

ショ　麻薬なの!?　そうか、そりゃチョコがやめられないわけだ。

博士　塩分などは、一定以上に食べると不快な味に感じる。でも砂糖や脂肪には、こういう歯止めがないから、やめられなくなって肥満や糖尿病の原因にもなる。

人類の歴史の大半は、慢性的栄養不足の状態であった。このため糖分や脂肪分などは、可能な限り貯(た)めておくように進化した。人体は、肥満が大きなリスクとなった現状に、まだ対応できていないと言える。

苦味・酸味は警戒信号

博士　苦味っていうのは何かと言うと、危険な食べ物の警戒信号らしい。毒がある「アルカロイド」と呼ばれる化合物は、たいてい苦い。間違えて食べてしまわないために、「嫌な味」と感じるように進化したんだろうね。

ショ　でも、人間は苦いお茶やビールを、自分から進んで飲んだりもするじゃない？

博士　それは後天的な訓練の結果だね。苦いコーヒーを「美味しい」と感じるようになるのは、ある程度、年齢を重ねてからでしょ。

ショ　多少危険なものも楽しめてこそ、大人ってことね。で、酸味は？

博士　食べ物が腐ると、細菌の力で酸が作られる。未熟でまだ食べ頃じゃない果物も、酸を多く含んでる。こういうものを回避するために、警戒信号として「酸(す)っぱい」という感覚が発達したらしい。

ショ　必要なものを食べたくなったり、危ないものを食べないようにしたり、よくできてるのね。

うま味の正体

ショ　で、「うま味」ってのは何なの?

博士　肉のうま味はイノシン酸、ラーメンとか味噌汁の「だし」のうま味は、グルタミン酸という化合物のおかげ。

ショ　それも体に必要なものなの?

博士　イノシン酸やグルタミン酸は、直接体に必要というより、「この食べ物にはタンパク質があるよ」というサインだね。

タンパク質は体の重要な構成成分であるため、食べ物から多量に摂り入れる必要がある。グルタミン酸はタンパク質を作る部品の一つであり、イノシン酸も細胞に含まれる成分。「これらの味がするところにはタンパク質があるはず」という目印として機能していると考えられる。

博士　このうま味成分というのは、今から100年以上前に、日本人が見つけたものでね。ノーベル賞をもらってもおかしくない大発見だった。

グルタミン酸は1908年に池田菊苗（きくなえ）が、イノシン酸は1913年に弟子の小玉新太郎が、「うま味物質」であることを発見した。

ショ　昔からたいした人がいたんだねえ。やっぱり日本人の味覚が鋭かったから？

博士　それはありそう。池田菊苗がグルタミン酸をうま味成分だと報告しても、欧米では信じてもらえなかったらしい。

ショ　どうして……？

博士　あっちの人は、グルタミン酸の味に慣れてないから、舐めてみてもあまりうま味を感じなかったらしいよ。肉のうま味成分である、イノシン酸の味は理解できたらしいけど。

ショ　へーっ、欧米の人は、グルタミン酸のうま味を感じないの？

博士　彼らが伝統的に、あまり食べてこなかった味だからね。ただ最近は、アメリカ人もグルタミン酸の味に慣れてきたみたいで、ニューヨークなんかでもラーメン店が人気らしいよ。

ショ　あ、ニュースで見たな。ニューヨーカーたちがワインを飲みながら、優雅に1500円くらいのラーメンをすすってたよ。高級料理扱いなんだってね。

博士　まあ、最初は不可解な味かもしれないけれど、やっぱり同じ人間なんだから、慣れれば美味いと感じる人は多いはずなんだよね。日本の食品には、海外で展開してもウケるものが、まだまだあると思うよ。

美味なる毒

ショ　うま味の正体がそこまでわかってるなら、科学的に見て、もっと美味しいものだって見つけられそうだけど。

イボテングタケ（写真・柳沢牧嘉）

博士　もちろんあるよ。「イボテン酸」っていう化合物は、グルタミン酸の10倍ほどの強いうま味があるんだって。

ショ　イボテン酸って、何だか変な名前ね。

博士　うん、「イボテングタケ」というキノコの成分なんで、この名前がついたそうだよ。

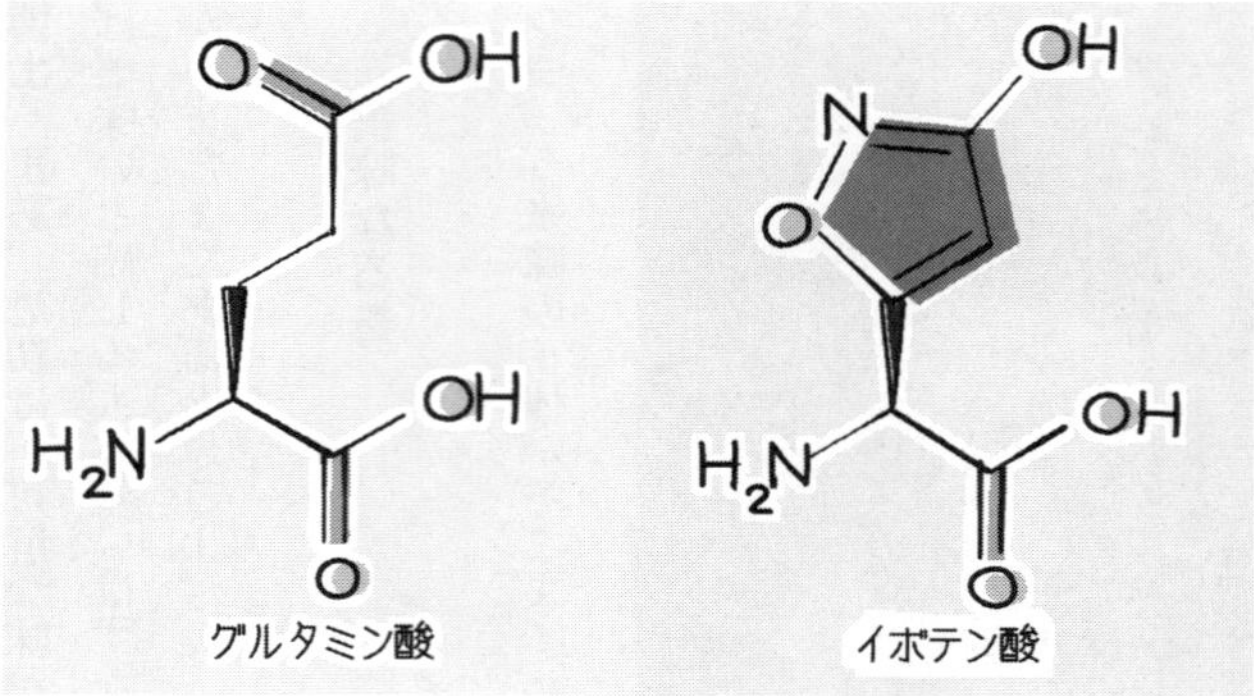

グルタミン酸　　イボテン酸

ショ　なんか、食べてはいけないキノコっぽい名前なんだけど。

博士　うん。イボテン酸は毒キノコの毒素そのもの。ところが、こいつが美味いらしくて、中毒事故が絶えない。

ショ　ええっ、ダメじゃん！　……でも、さっきの話だと、「美味しいものは、体に必要なもの」なんじゃなかったの？

博士　これは例外だね。グルタミン酸によく似た構造のアミノ酸なんだけど、それがアダになって毒性を示す。

ショ　アミノ酸って体にいいイメージがあるけど、毒なの？　しかもグルタミン酸に似てるのに⁇

グルタミン酸は、神経の間を情報が伝わる時に働く重要な物質。イボテン酸はそれによく似た構造なので、代わりに入り込み、情報伝達を混乱させてしまう。

博士　重要人物に化けたスパイみたいな働きをするって

こと。生体物質に似た化合物ってのは、えてしてやっかいなことを引き起こすんだよ。

ショ　「美味しいもの」＝「体に必要なもの」っていう、単純な話でもないのね。

博士　ただ、そこから毒性だけを除くことができたら、すごい調味料になるかもしれない。面白い研究になると思うけどね。

アミノ酸の味

博士　さっき、アミノ酸という言葉が出たけど、グルタミン酸も20種類あるアミノ酸の一種なんだ。で、そのアミノ酸が何十とか何百とかつながったのが、タンパク質。

ショ　だったら、他のアミノ酸も美味しいの？

博士　いい味のものが多いね。アスパラギン酸ってのも、グルタミン酸に近いうま味があるし、グリシン、アラニン、セリン、プロリンなんかは甘味がある。

肉をある程度おいて熟成させると美味しくなったり、カレーは一晩経ってからの方が味がよくなったり、というのは、タンパク質が一部分解して各種アミノ酸ができてくるため。醤油（しょうゆ）や味噌などのうま味も、発酵作用によってアミノ酸が生成することによってできる。

ショ　やっぱり、アミノ酸には美味しいものが多いのか。醤油や味噌の味がアミノ酸のおかげなら、日本料理はアミノ酸さまさまだね。

博士　アラニン、グリシン、バリン、メチオニンという４つのアミノ酸をうまく混ぜると、ウニの味が再現できるんだってさ。アミノ酸が味わいの鍵を握っている食べ物は多いんだよ。

ショ　へーっ。面白いけど、何だか騙されているような気もしちゃうな。

博士　その他のアミノ酸には、苦いものも多いらしい。大事な化合物なのに、ちょっと意外だけどね。

ショ　アミノ酸を使えば、たいていどんな味でも出せるってわけね。

合成甘味料の世界

博士　アミノ酸単独じゃなく、いくつかをつなぐと、また違う味が出せる。一番有名なのは、甘味料アスパルテーム。

ショ　最近のノンカロリードリンクなんかに入ってるやつだっけ？

博士　そうそう。アスパルテームにも多少カロリーはあるけど、砂糖の２００倍ほど甘いので、使用量がすごく少なく済むから、実際はカロリーゼロに近い。

ショ　それもアミノ酸の仲間なの？

博士　アスパラギン酸と、フェニルアラニンというアミノ酸をつないだもの。砂糖とは似ても似つかない構造なんだけど、似たような味になる。

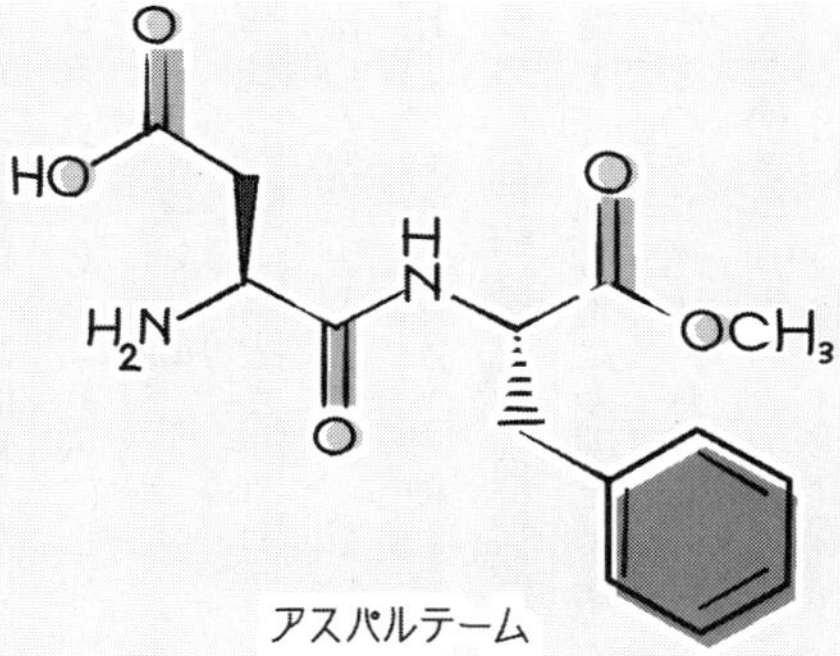

アスパルテーム

味覚を感知する分子レベルの機構には、まだ不明な点が多く、どのような化合物がどんな味になるかの予測は難しい。

ショ　合成甘味料って、何か、体に悪いものの代表みたいなイメージがあるよね。

博士　アスパルテームについては、タンパク質が消化される時にできる、ありふれた破片みたいなものだから、そう体に悪いはずはないんだけど。

米国食品医薬品局（FDA）が、甘味料としてアスパルテームを認可するまでには、16年にも及ぶ攻防戦があった。結局、大きな危険性はないと判定されたが、現在で

も安全性を疑う声は絶えない。

ショ　私はあんまり気にしないでノンカロリー飲料を飲んじゃってるけど、神経質に避けている人も多いよね。

博士　ズルチンとかチクロとか、昔の甘味料には発がん性があるものがあったから、無理もないんだけどね。ただ、砂糖も当然、肥満や糖尿病の原因になるから、トータルで見た場合にどっちを選ぶか。今使われてる人工甘味料のリスクは、十分低いと俺は思ってるけどね。

ショ　「砂糖は毒物、白い悪魔だ」と言って、絶対に食べない知り合いもいるな。

博士　それもまた極端だよな。あれは危ない、これは体にいいと極端に走らず、いろんなものをバランスよく食べるのが一番。いろいろ神経質になりすぎて、ストレスを溜める方がよくないと思うよ。

味覚の極限

博士　研究者ってのも、別の意味で極端を目指したがる人たちでね。さらに甘い化合物を目指して、研究が進んでるよ。

アスパルテームをもとに作られた「ネオテーム」は、砂糖の1万倍ほどの甘さ。日本でも甘味料として認可されている。

ショ 1万倍って……甘けりゃいいってもんじゃないでしょ!?

博士 現在の記録保持者は「ラグドゥネーム」という化合物で、砂糖の22万倍ほど甘いらしい。大さじ1杯のラグドゥネームが、砂糖2トンに匹敵する計算になる。

ショ そんなの、ちょっと入れただけで甘ったるくて料理にならないよ！

博士 まあ、これは甘味料として認可されているわけではなくて、学問的興味のレベルだけどね。

ショ 人工的な塩辛いものはないの？

博士 アスパルテームと同様、アミノ酸が二つつながった塩辛い分子が知られている。値段が高いのと、いまひとつ自然な味わいじゃないので、市販はされていないけど。

ショ アスパルテームの味も、普通の砂糖とはちょっと違うもんね。私はあまり好きじゃないのよね、あれ。

博士 ただ、塩分の摂りすぎが健康に悪いのはご存知のとおりなんで、将来、そういう「人工塩味料」として代用されることはあるかもね。分子構造と味覚の関係が解明されれば、もっと豊かな味を創ることもできると思う。

味わいを「合成」する

ショ　まあ、わかるけど、あまり気持ちよくはないなあ……。あと、一つ一つの「味」を創り出せても、それですぐ美味しい料理ができるわけじゃないでしょ？

博士　もちろん。料理の味は、成分の味同士の単純な足し算ではない。お互いに強め合ったり、打ち消し合ったりもする。

ショ　単純な味覚だけじゃなく、「コクがある」なんて言い方もあるしね。

「コク」は、味の深み、濃度感、充実感といった感覚。いくつかの味が絡まり合ったり、同じ味でも長い時間感じていると「コクがある」という感覚になるとされる。

博士　実はコクについても、研究が進んでいる。「グルタチオン」という化合物が、どうやらコク味を担っているらしい。

グルタチオンは還元作用を持ち、体内の活性酸素消去の他、異物と結びついて体外に排出するなどの重要な役割を担う。

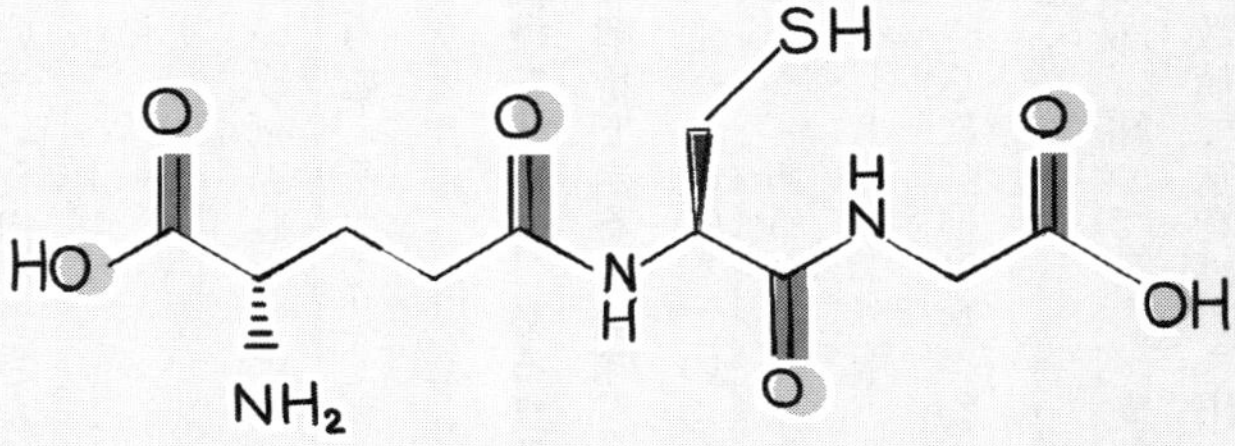

グルタチオン

ショ　へーっ。やっぱり美味しいものは、体に必要なものってわけか。

博士　このグルタチオンをもとに、さらに強いコク味を持つ化合物が作られた。食品添加物として認可も受けたらしいんで、近い将来「コク味調味料」が出回るかもね。

ショ　とはいえ、結局、味のセンスがないと、美味しい料理って作れないわけね。

博士　知り合いにそういう達人がいてね。いくつかの化合物を混ぜ合わせて、お菓子やジュースの味を再現してみせてくれる人がいるよ。リンゴ酸、クエン酸、酒石酸（しゅせきさん）みたいな「果実酸」と呼ばれる化合物を、隠し味に使うのがポイントらしい。

ショ　そういうセンスがあると、私もちょっとは料理がうまくなるのかしら。

博士　いや、ショウコさんは今も、十分に料理上手だと思いますよ、ええ。

ショ　もうちょっと心をこめて言って！

博士　まあ、そういうセンスとか目分量に頼るんじゃなく、料理を科学的に、定量的に捉（とら）えようという試みも出てきた。

ショ　うむ、それでこそ科学！

博士　たとえば、「味覚センサー」というものが、最近開発された。**この機械を使うと、ある食品の味が、5つの基本味がどう組み合わさってできているのかを簡単に解析できる。後味、コクといったファクターも数値化可能。**

ショ　食べ物の味を、いくつかの数字の組み合わせで表現できるってこと？

博士　そう。ある食品の味を、電話やメールで送ることも可能になったわけだ。

ショ　へえーっ！　でも、数字を受け取っても、別に美味しくないよ。

博士　さらに、他の食べ物を組み合わせることで、その数値に近い味を作り出すことも計算できる。たとえば、キュウリにハチミツをかけると、メロンの味になるとか聞いたことない？

ショ　あ、知ってる！　麦茶に牛乳を入れると、カフェオレの味になるとか。

博士　数値で味をはじき出すことによって、そういう取り合わせを作り出せる。みかんと醤油と海苔(のり)でイクラの味とか、バニラアイスに醤油でみたらし団子の味とかね。

ショ ええっ、そうなの？ いや、普通に食べた方が美味しいよ、絶対……。

博士 そのうち、いくつかの粉を混ぜて水で練れば、最高のキャビアやステーキの味が作れる、なんてことになるかもね。

ショ そんなの美味しくないよ。食感とか歯ごたえとか、いろいろ必要じゃん。

博士 最近は「分子ガストロノミー」っていう新しい料理法が出てきていてね。

ショ がすとろ……??

素材を分子レベルで捉え、化学的手法で料理するまったく新しい調理法。特殊な多糖類を化学反応で固めたり、液体窒素で急冷したりなどして、独特の味と食感を生み出すことに成功している。「料理の革命」とも称され、その先駆けとなったスペインのレストランは、年間200万件もの予約の申し込みが入るほどの人気を誇った。

ショ あ、テレビで見たな。実験器具みたいなものを使って料理を作ってた。

博士 そういうのが進んでいくと、いずれはネットでレシピをダウンロードして、3Dプリンタみたいなもので料理をその場で合成する、なんていう時代が来るかもね。

ショ うーー、それはいくら美味しかったとしても、何だか味気なさすぎる……。

博士　まあ、料理ってのは、厳選された素材とか、シェフの腕前みたいな、背景にある物語を楽しむものでもあるからね。ただ、料理だってどんどん変わっていくものでしょ。１００年前の人たちは、工場で生産されたパンをみんなが食べているなんて、想像もしていなかっただろうからね。こういう化学的な要素を取り込んだ、22世紀の究極のメニューっていうのはどんなものか、ぜひ見てみたいと思うよ。

晩ご飯
フランスの三ツ星レストランの鴨のフォアグラのソテーと日本の三ツ星料亭の天ぷらとどっちにする？
…ショーコさんの目玉焼きがいい
3D クッキング

第12話 「風邪を治す薬」が欲しい！

サトウ博士（以下博士） ただいまー。

ショウコ（以下ショ） お帰りなさい。風邪の調子はどう？

博士 んー、さっきメールで送ったとおり、ちょっと咳（せき）が出たり、寒気がする程度で、たいしたことないよ。

ショ 風邪は万病のもとなんだからね。油断しないでしっかり治さないと。ほら、これ首に巻いて。

博士　何これ？

ショ　焼いたネギを首に巻くと風邪が治るっていうでしょ。あとほら、こめかみに梅干しも貼って。

博士　ネギはわかるけど、梅干しは頭痛の民間療法じゃなかったっけ？

ショ　まあいいから、ほらほら。ショウガをたっぷり入れた鍋ものを作っといたから、ゆっくり食べてね。

博士　うわ、くっさ!!　ショウガの入れすぎじゃないか!?

ショ　あとほら、大根おろしを飲むと喉にいいんだよ。ほら、一気にぐーっと！

博士　おい、こんなに飲めないって！　……なんでこんなおばあちゃんの知恵みたいなことばっかり知ってるのさ。

ショ　私、おばあちゃんっ子だったからねえ。あと、「生きたナメクジを飲むと結核に効く」とか言ってたけど、今日はさすがに用意できなかったのよね。

博士　そんなもん用意しなくていいよ！

風邪にコーラ？

ショ　アハハ。でも、こういう民間療法って、面白いものがあるよね。

日本では風邪の時に卵酒を飲むが、ドイツでもホットの赤ワインに卵と砂糖を入れて飲む。ロシアではウオッカにコショウを入れたもの、スペインでは温めた牛乳に蜂蜜（はちみつ）を入れたものが飲まれる。

ショ　体が温まりそうだし、牛乳や蜂蜜は栄養も摂れるからね。

博士　シンガポールなんかでは、熱々のコーラにレモンを入れて飲むらしい。

ショ　えーっ！　ホットコーラ？

博士　糖分でエネルギー補給ができるし、カフェインは鎮痛補助作用があるから、案外いいのかもね。風邪薬にも、カフェインを配合してあるのが多いし。

ショ　そういえば、アメリカでも病気の時にコーラを飲むって聞いたことがあるな。

博士　実はコーラって、もともと薬だったたって知ってた？

コーラは、ジョン・ペンバートンという薬剤師が、頭痛の治療薬として１８８６年に売り出

したのが始まり。当初は薬効成分として含まれていたコカインはその後除かれ、薬効を謳わない清涼飲料水に方針変更されて、今に至る。

ショ　そうなんだ！　確かに、慣れないと薬くさいもんね、コーラって。でも、日本の民間療法にも、それなりに意味があるものがありそうだけど。

博士　ネギにはいろいろな有機硫黄化合物が含まれていて、これが肝臓の解毒作用を助けるとか、抗菌作用を持つとか言われてる。

ショ　じゃあ効果があるんだ！

博士　まあ、それだったら、首に巻くんじゃなくて、食べたほうがいいと思うけどね。

ショ　それもそうか。……じゃ、卵酒は？

博士　卵白に含まれるリゾチームという成分に、殺菌作用があるなんていうけどね。でも、熱で変性するから、あんまり意味がないだろうな。そもそも、ほとんどの風邪の原因は、細菌じゃないしね。

ショ　うーん、これもダメか……。

博士　体を温めるのと栄養補給、アルコールの力でよく眠れるという効果はあるだろうけどね。ただ、やはりお酒だから、風邪薬と併用すべきじゃないけれど。

風邪薬いろいろ

ショ 風邪薬にもたくさんあるけど、どれがいいの？

博士 どれがベストというより、症状に合わせて選ぶべきだろうね。最近はいろいろなタイプの風邪に合わせた薬が売られているからね。ただ、どの薬も、風邪そのものを治してくれるわけではない。

薬局で手に入る総合感冒薬は、咳止めのエフェドリン、解熱鎮痛成分のアセトアミノフェン、くしゃみや鼻水を抑えるジフェンヒドラミンなどが配合されたもので、風邪の症状を緩和するものの、根本的な治療をするわけではない。

ショ 前に風邪でお医者さんに行った時に、抗生物質を出されたんだけど？

博士 風邪の原因はほとんどがウイルスだから、抗生物質は効かないよ。

ショ じゃ風邪の時に、抗生物質を飲んでも意味ないの？

博士 風邪で弱ったところに細菌感染して、肺炎になるのを防ぐために、とか言われているけれど、最近の研究だと、その効果もあまりないらしい。トータルで見ると、意義は薄いね。

ショ　ありゃ……。あと、他にも飲まない方がいい薬ってあるの？

博士　特に子どもの場合、熱さましのつもりでアスピリンを飲ませるのは、やめておいた方が無難かな。

子どもが水疱瘡（みずぼうそう）やインフルエンザになった時に、アスピリンを飲むと、まれに「ライ症候群」という重い病気を発することがある。普通の風邪と思っても、避けた方が無難。多くの風邪薬には、アスピリン以外の消炎鎮痛剤が配合されている。

風邪薬の開発はなぜ難しい？

博士　まあいずれにせよ、今ある風邪薬は対症療法でしかなくて、根本的に風邪を治してくれる薬はまだない。

ショ　他の薬はどんどん進歩してるのに、どうしてそんなに風邪の薬は難しいの？

博士　そもそも風邪っていうのは、単純な一つの病気じゃないんだよ。

ショ　どういうこと？

博士　よく「今年の風邪は喉がやられる」とか、「お腹にくる風邪」とかいうじゃない？

これって、まったく別々の病気なんだよ。

ショ　えっ⁉　そうなの？

風邪は、ウイルスなどの感染によって鼻や喉に炎症を起こした状態のこと。原因となるウイルスは、コロナウイルス、ライノウイルスなど、１００種以上あると言われ、特定の「風邪ウイルス」という病原体がいるわけではない。

ショ　何か、騙された気分……。

博士　たとえばエイズなら、エイズウイルスという病原体がいるから、それを叩く薬を作ればいい。ところが、風邪を治す薬を作ろうと思っても、どのウイルスをやっつけていいのやら……ということになる。

ショ　まとめてやっつけられる薬はないの？

博士　細菌だとそれができるんだけど、ウイルスだと難しいんだ。

ショ　そもそも、細菌とウイルスって何が違うの？

博士　細菌は生き物だけど、ウイルスは生き物じゃない、ってことになってる。

細菌は、増殖するための仕組みをひととおり持っているが、ウイルスはこれを持っていない。このため、ウイルスは他の生物の細胞に入り込み、その増殖システムを乗っ取って、自分の

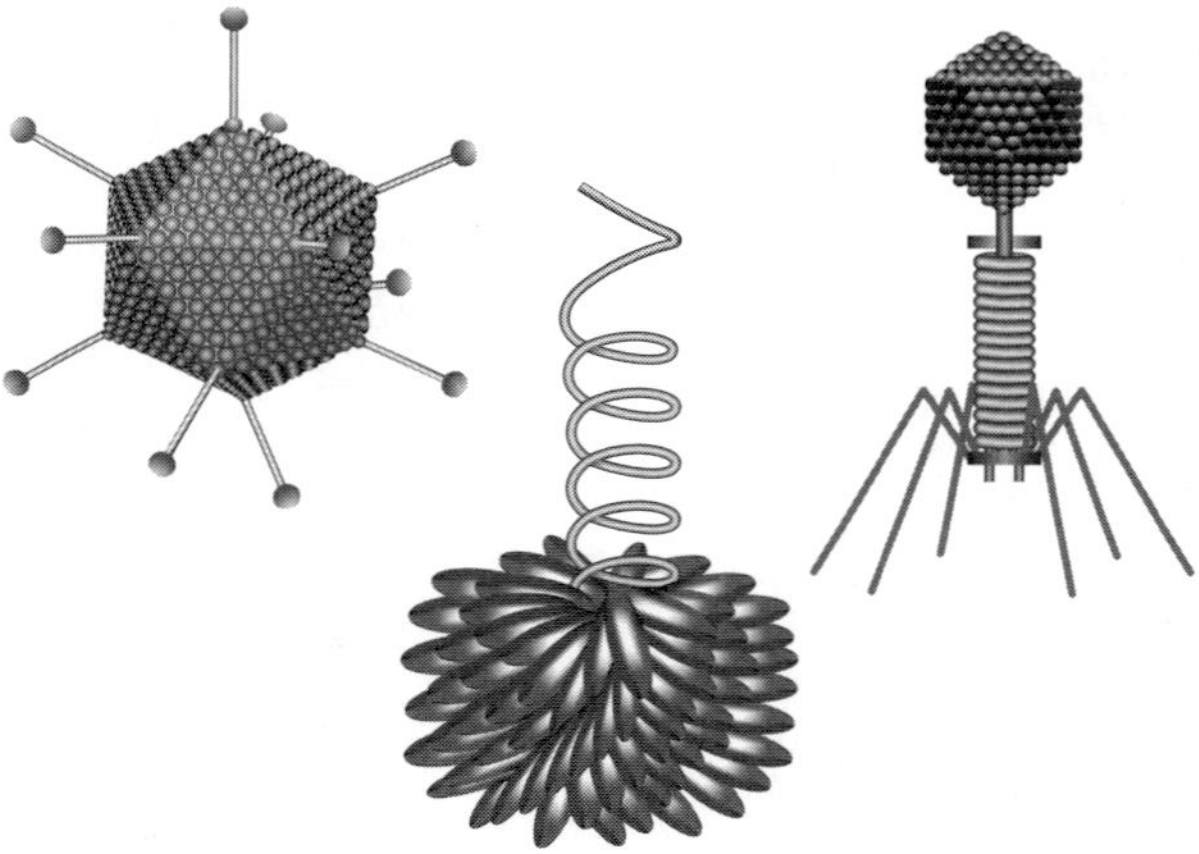

ウイルスを電子顕微鏡で見ると……

コピーを作り出す。

ショ　じゃあ、ウイルスって何？　人様の細胞を荒らして病気にしたり、勝手にわさわさ増えたりするくせに、生き物じゃないの……？　納得いかないなー。

博士　まあ、俺もあまり納得はいかないんだけど……。ただ、ウイルスを電子顕微鏡で見ると、多面体とか円筒状とか宇宙船みたいだったりするんで、「確かにこりゃ、生物じゃなく物体かな」という気がしてくる。

ショ　へー、ちょっと見てみたい。

博士　でもね、ウイルスにとりつかれた細胞がボコッと破れて、中から子ウイルスがぞろぞろ出てくるところのおぞましさと言ったら、SF映画顔負け。

ショ　うげ!!　風邪を引くたびにそんなことが起きてるの？

博士　そう。その上、ウイルスはやっつけづらい。細菌だと、生存したり増殖したりするためのいろいろなシステムを自前で持ってるから、これを薬で邪魔すればいい。これがいわゆる「抗生物質」の原理。

細菌は、その体を細胞壁という硬い壁で守っている。抗生物質の一つであるペニシリンは、この細胞壁を作らせないよう妨害することで、細菌を退治する。すべての細菌が細胞壁を持つため、多くの細菌に対して抗生物質は有効となる。しかし、人間の細胞には細胞壁がないため、抗生物質は基本的に人体には影響を与えない。

博士　ところがウイルスは、それぞれ性質が全然違うんだよ。見た目も、さっき言ったとおりバラバラだし、遺伝子が直線的な形だったり輪っかだったり、とにかくいろんなやつがいるもんだから、一つの薬で一網打尽というわけにはいかない。

ショ　むー。厄介な連中だな……。

博士　まだあってね。ウイルスも人間と同じように遺伝子をコピーして増えるんだけど、このコピーシステムが結構アバウトで、ミスが多いんだよ。

ショ　欠陥品ができちゃうってこと？

博士 そう。ところが、これがウイルスの武器でもあってね。**ウイルスは、遺伝子のコピーミスが人間などよりはるかに多いため、変異したものができやすい。このため、薬に対する耐性を持ったものが、すぐに出現してくる。**

博士 というわけで、苦労してウイルスをやっつける薬を作っても、いずれ薬が効かないウイルスが出現する公算が高いんだ。

ショ 狙い目がない上に、変わり身も早いのか。厄介ね、確かに……。

博士 で、実際には風邪を引いても、温かくして寝ていればたいていは治る。なので、苦労して薬を作る必要も薄いから、なかなかいい薬が出ないんだろうね。

インフルエンザの薬は？

ショ じゃあ、風邪を本当に治す薬は必要ないの？

博士 風邪にもいろいろあって、危ないやつもある。たとえばインフルエンザ。**インフルエンザは、通常の風邪のような呼吸器症状に加え、全身倦怠感（けんたいかん）、筋肉痛、頭痛などが起こるのが特徴であり、重症化しやすい。また感染力も強く、しばしば大流行となる。こ**

のため、風邪と症状は似ているが、一線を画した疾患と考えるべきという意見も多い。

ショ　友達のおじいさんがインフルエンザで亡くなったな。「風邪の重いやつ」くらいに思ってちゃいけない病気だよね。

博士　日本でも、毎年1万人前後も亡くなるからね。身近な病気としては、一番危険な感染症だろうな。

1918～19年にかけて世界的に流行した「スペイン風邪」は、当時の世界人口の3～5割が感染し、5000万人の死者が出たとされる（数字は諸説あり）。人類が経験したどんな災害や飢饉（ききん）をも上回る、史上最大の災厄であった。

ショ　私も5～6年前のインフルエンザの流行の時にかかっちゃったのよね。

博士　メキシコ発のH1N1型ってやつだね。あの時は最初、死亡率が高いと報道されたんで、パニックになった。

ショ　結局、普通のインフルエンザと変わりなかったよね。

博士　それはよかったんだけど、あの教訓がもう忘れられちゃってるよな。この状態で鳥インフルエンザの流行が来ると、恐ろしいことになりそうでね。

ショ　前から言われているけど、鳥インフルってそんなに怖いの？

博士　怖さ段違い。もうまったく別の病気と思った方がいい。

東南アジアを中心に発生している鳥インフルエンザ（H5N1型）は、強毒性といわれるタイプ。通常のインフルエンザ（スペイン風邪も含め）は肺の細胞にしか感染しないが、強毒型は全身の細胞を侵す。通常のインフルエンザの死亡率が0・1パーセント前後なのに対し、H5N1型は現在のところ、60パーセント近い死亡率となっている。

ショ　それは怖い……。

博士　今のところ、基本的に鳥同士でしか感染しないけど、これが変異を起こして、本格的に人間から人間へ感染する能力を持つと、スペイン風邪並みか、それ以上の被害が出る可能性だってある。

ショ　いつか流行しそうなの？

博士　さっきも言ったとおり、ウイルスの変異は速いから、いつかはそれが起きると思っていないといけないだろうな。

ショ　予防接種はできないの？

インフルエンザ対策の基本はワクチン接種。ただし、ワクチンはウイルスが発生してからでないと製造できないため、供給までに半年以上が必要となる。2009年のインフルエンザ

でも、ワクチンが出回ったのは、すでに流行のピークが過ぎてからだった。

博士　なので、ワクチンができるまでのつなぎとして、世界各国で抗インフルエンザ薬「タミフル」の備蓄がされている。

ショ　でも、さっきの話だと、ウイルスって、薬ではなかなかやっつけられないんじゃなかったっけ？

博士　実はタミフルは、ウイルスを細胞から逃げられなくする薬なんだ。**インフルエンザウイルスは、細胞から外界へ脱出していく時、ノイラミニダーゼという酵素が必要となる。薬でこの酵素の働きをブロックすると、ウイルスは細胞表面にへばりついたままとなる。**

ショ　へー！　そんな仕組みなんだ。でもタミフルって、ずいぶん副作用で騒がれてたよね。ビルから飛び降りちゃうとか何とか。

博士　それは以前言われていたほどには心配なさそうなんだけど、やはり万能の薬ではない。**2012年に行なわれた再評価では、「タミフルは発症当初の症状を軽減するものの、合併症を防ぐなどの効果については不明確」との報告がなされた。**

ショ　えー！　じゃあ、鳥インフルが来たら、どうするのよ!?

博士　他にも「リレンザ」っていう、似たような作用の薬があるんで、こちらも備蓄が進んでいるよ。ただ、どの薬であれ、それが鳥インフルウイルスに効くかどうかは、実際に発生してからでないとわからない。

ショ　リレンザもタミフルと同じような薬なんだったら、両方とも効かない可能性もあるよね。何かもっと画期的な方法はないの？

博士　日本のメーカーが作った「アビガン」という薬が期待できそう。

アビガンは、ウイルスの遺伝子複製を妨げる薬で、米国での試験では、３０００種もの化合物中で唯一、鳥インフルに高い効果を示した。２０１３年に中国で発生した新型インフルは、タミフルなど既存の医薬が無効であったが、アビガンのみが有効であった。タミフルなどとは違う原理の薬なので、タミフル耐性ウイルスにも効果が期待できる。

博士　さらにこの薬は、西アフリカでアウトブレイクしたエボラ出血熱にも有効ってことで、世界的に注目の的になってる。

ショ　ああ、ニュースでやってたあの薬か!!　すごいんだね、日本の薬も……。

ただし動物実験レベルでは、胎児に異常を引き起こす可能性があることがわかっている。このため、新型インフルエンザが発生して、政府が非常に危険と判断した時のみ製造されるこ

となっている。

ショ それはちょっと怖いな。でも、死亡率が60パーセントの病気が治せるんだったら、飲むしかないもんね。

博士 最近だと、大分大学のチームが「抗体酵素」というものを利用した薬を開発している。今までの薬は、ウイルスの増殖を妨害するだけだったんだけど、この薬は積極的にウイルスを殺す力がある。

抗体酵素はウイルス表面のタンパク質に結合し、これを分解する。H1N1型インフルに効果を示しており、H5N1型鳥インフルに対するものも開発中だ。

ショ おー、日本勢が頑張ってるんだね。

博士 抗体医薬というのは、人間の免疫作用を医薬に応用するものなんだけど、効果が高いし副作用も少ないんで、新薬開発の主流になりつつある。今まではがんなんかがターゲットだったけど、いよいよインフルエンザ薬も出てきたね。

ショ これがあれば、鳥インフルが来てもだいぶ安心、てことかな？

博士 もちろん、そんな流行が来ないことを祈りたいけど、備えは絶対に必要だからね。薬は副作用のこととか、いろいろな問題ばかりが指摘されがちだけれど、「人類を救う研究」

が見えないところで行なわれているということは、もう少し知られてもいいと思うよ。

風邪の特効薬
玉子酒＋大根汁の
ショウコブレンド
でーす
かえって
気持ち悪く
なりそう…

第13話　「がんを制圧」してほしい!!

サトウ博士（以下博士）　ただいまー。お、何読んでるの？　雑誌？

ショウコ（以下ショ）　うん、アンジェリーナ・ジョリーって女優がいるじゃない？　彼女が手術を受けた話をね。おっぱいを切っちゃったのよね、あの人。

博士　乳がんか何かになったの？

ショ　いや、なる前に切ったんだって。

彼女の母親も女優であったが、がんのために56歳で死去。遺伝子検査の結果、アンジェリー

ナもがんになりやすい遺伝子を受け継いでおり、乳がんになる確率は87パーセントと診断された。このため、発症前にあらかじめ乳房を切除する手術に踏み切り、大きな反響と議論を呼んだ。

博士　へーっ、思い切ったなあ……。いくら危険が高いと言われても、なかなか手術まではしないよね。

ショ　特に、胸は女性の象徴だからね。でも、私も親戚で乳がんになった人がいるから、やっぱり気になっちゃう。

博士　ショウコは大丈夫だよ。ほら、乳がんは胸の大きい人がなりやすいって。

ショ　うるさい！　ほんとは胸の大きさと乳がんに、関係はないらしいよ。

博士　確かに、乳がんは、誰でもなりうる病気だよね。今や女性のかかるがんの第1位らしいからね。

現在、日本人女性の乳がん発症者数は年間5万人を超えており、生涯では18人に1人が乳がんになる計算である。

ショ　でもさ、何パーセントの確率でがんになる、なんていうことまでわかるのに、そのがんを防いだり治したりすることは、今の技術でもやっぱり難しいの？

博士　がんの制圧は、人類最大の夢だよね。研究者としても、一番やりがいのあるテーマではある。最近、がんの理解も進んで、治療も進歩の最中ではあるけど、やはりまだまだ難しいことは難しい。

がんの原因は？

ショ　他の病気に比べて、なんでがんの治療だけがそんなに難しいの？

博士　じゃあ、まず聞くけど、がんの原因って何だと思う？

ショ　え、改めて聞かれると困っちゃうな……。悪い化学物質とか、放射能とか？

博士　それも一つだね。あとは？

ショ　えー、お酒とかタバコとか。塩分や魚の焦げもよくないって言うよね。

博士　そう、日光の浴びすぎは皮膚がんのもと。あと、ストレスもがんを作る。

ショ　となると、あくせく働かないで、のんびり過ごすに限るな。

博士　ちょっとは働くようにね。あと、細菌やウイルスの中にも、がんを引き起こすやつがいる。

胃に棲み着くピロリ菌は、胃がんのもととなる。ヒトパピローマウイルス（HPV）は、子宮頸がん・口腔がん・舌がんなどの発生リスクを上げてしまう。

ショ　がんの原因もいっぱいあるなあ……、こう考えると。

博士　でも、これっておかしいでしょ？　普通の病気はさ、細菌やウイルスに感染したとか、血管が詰まったとか、はっきりした原因があるじゃない？　なんでがんにだけ、こんなにいろいろ「原因」があるんだろうと思わない？

ショ　まあ、それはそうね。でも、私のおじいさんはヘビースモーカーだけど、90歳過ぎてもまだ元気だよ。

博士　そう、がんの原因は身の周りに溢れているけど、それに触れても必ずしもがんになるわけじゃない。あらゆるものががんの原因であって、しかも原因ではない、みたいな話だね。

ショ　なんか宗教みたいになってきた。

博士　これが、他の病気とがんの違うところでね。実はがんってのは、細胞が「進化した」姿なんだ。

ショ　進化？　どういうこと??

がん細胞への「進化」

博士　生物の進化については知っているよね。**生物の子どもは、遺伝子の変異（コピーミス）によって、親と少しだけ違った性質を持って生まれてくる。そのうち、最も生存に適した性質を持つものが子孫を増やし、より優れたものが生き残っていく。**

ショ　それはまあわかるけど、細胞が進化ってどういうこと？

博士　人間の体はたくさんの細胞でできている。以前は60兆個と言われていたけど、最近の研究だと37兆個くらいらしい。で、その細胞も新陳代謝を繰り返してるから、一生涯では1京（けい）個くらいの細胞を作る。1京って、1億の1億倍ってことね。

ショ　実感は湧かないけど、とにかくすごい数だってことね。

博士　で、それはもとをたどれば、たった一個の細胞からスタートして、分裂を何度も何度も繰り返して増えていく。そのたびにＤＮＡがコピーされるわけだけど、その時に、たまにコピーミスが出る。

ショ　欠陥品ができちゃうんだ。

博士　そもそも、細胞っていうのは分裂して増えるのが仕事みたいなもんだから、やたらに増えすぎないように、いろいろな歯止めがかかっているんだけど……。

ショ　歯止めって、どんな？

博士　前に言ったテロメア（第2話に登場）ってもののおかげで、細胞は一定回数しか分裂できなかったり、細胞が異変を察知すると自殺する「アポトーシス」という仕組みがあったりして、いろいろな歯止めが用意されている。ところがＤＮＡのコピーミスで、たまにこの歯止めが壊れちゃうんだ。

ショ　そうすると、がん細胞になってしまうの？

博士　一つや二つ歯止めが壊れても、急にがん細胞にはならないようにできているんだけどね。ただ、歯止めが壊れると、その細胞はどっと増えやすくなり、そうすると、その中からコピーミスが出て……と、悪い方に転がっていきやすくなる。

これは、生物が環境に適応して、たくさん子孫を作ることができる方向に、代を追うごとに性質を変えていくことに似ている。がん細胞は、通常細胞が「進化」した姿、というのはこの意味である。

ショ　なんだ、進化って言っても、悪い方に行っちゃってるんじゃん！

博士　まあ、人間から見ればね。こうしてがん細胞はやたらに暴走して増えて、周りに行き渡るべき栄養を食いつぶして、最後は宿主（やどぬし）である人間と共倒れになるっていうわけだ。

ショ　自分のことしか考えずに、やたらに子分を増やしたがるやつってことか。人間でもいるなあ、そういう人……。

博士　さっき出てきた発がん物質の多くは、ＤＮＡのコピーミスを誘発するものなんだ。**もちろん防御機構もあるので、発がん物質を多少取り入れても、すぐにがん細胞になるわけではない。しかし、繰り返しこうした物質を摂取していれば、がんになる確率が高まってくる。**

博士　コピーミスが蓄積するには、普通、何十年という時間がかかる。がんがお年寄りに多くて若い人に少ないのは、これが原因だね。

ショ　小児がんっていうのもあるけど？

博士　それは、先天的に遺伝子に変異があって、防御とか修復の機構が弱いケースがほとんどなんだ。

こうした先天的な変異は、程度の差こそあれ誰でも抱えており、がんにかかりやすい体質、かかりにくい体質として表れる。先のアンジェリーナ・ジョリーは、ＢＲＣＡというがん抑

制遺伝子に変異を抱えていた。

がん治療が難しいわけ

ショ　がん細胞のでき方はわかったけど、どうやって治すの？

がんの治療は、手術による病巣の除去、放射線療法、そして抗がん剤による化学療法が三大療法とされる。特に三番目の化学療法は、近年長足の進歩を遂げている。

博士　今までの抗がん剤のほとんどは、ＤＮＡを破壊したりして、とにかくがん細胞の増殖を食い止めるタイプだったんだ。

ショ　なんか乱暴なやり方だな。

博士　がん細胞も、患者自身の細胞であることに変わりはない。だから、健全な細胞と区別をつけて攻撃するのが難しい。

ショ　じゃあどうやっているの？

博士　健全な細胞に被害が出るのを承知で、とにかくがん細胞の増殖を食い止めるしかない。がん細胞だけ狙い撃ちにできればいいんだけど、抗がん剤は全身に回ってしまうからね。

健康な細胞の中でも、活発に分裂増殖を繰り返している毛根や腸の細胞は、抗がん剤の投与で大きなダメージを受ける。抗がん剤で脱毛や下痢などの副作用が表れるのは、このためである。

ショ　とりあえず火を消し止めるために、あたりが水をかぶっちゃっても仕方ない、みたいな感じね。どうにかならないの?

博士　残念ながら、そういうやり方しかなかった。ただ、最近、がん細胞だけを狙って攻撃する薬が登場した。

「魔法の弾丸」の登場

博士　最近出てきたのは、「分子標的薬」と呼ばれるものでね。簡単に言っちゃうと、がん細胞は増殖するために、いろいろなタンパク質を作るんだけど、その働きを食い止める薬。

ショ　その薬だと、普通の細胞には影響しないの?

「アバスチン」という薬は、血管を新しく作る作用のあるタンパク質VEGFの働きを阻害する。がん細胞は急速に増殖するため、大量の酸素と栄養を確保する必要があり、VEGFを放出して血管を引いてこようとする。これを薬で妨げれば、がんの成長を防ぐことができ

る。通常の健康な組織では、血管新生はほとんど起きていないため、副作用は少なくて済む。

ショ　血管を作らせないなんてことができるのねー。いろいろ考えるなぁ。

博士　他にも、がん細胞だけを狙い撃つことができる分子標的薬が登場してきて、がんの治療は大きく変わってきている。白血病なんか、ずいぶん治るようになった。

ショ　白血病って、以前は不治の病の代名詞みたいなイメージがあったけど。

博士　でしょ？　でも、たとえば「グリベック」という薬は画期的でね。

慢性骨髄性白血病というタイプでは、グリベックによって95パーセント近くが寛解（かんかい）（再発の可能性はあるが、白血病細胞が見えなくなり、一時的に治ったように見える状態）にまで持ち込める。近年の医薬でも、最も飛躍的な改善をもたらしたものの一つ。

ショ　はー！　治る病気なのね、今は。

博士　分子標的薬のおかげで、他にもがん治療は大きく変わってきている。特に、患者ごとのがんのタイプに合わせて、治療できるようになってきているのは大きいよ。

ショ　がんにもタイプっていうのがあるの？

博士　患者ごとに、変異が起きてる遺伝子は違うからね。同じ乳がんや肺がんと言っても、遺伝子レベルで見れば、患者ごとに別々の病気と言ってもいいくらいなんだ。

「ハーセプチン」という薬は、ＨＥＲ2という遺伝子に異常が起きている乳がん患者のみに有効。このタイプの患者は、全乳がん患者の20パーセント前後だ。ハーセプチンの登場以来、乳房温存療法が可能なケースが大幅に増え、再発も減ったと言われる。

ショ　それは素晴らしいけど、効く人が、乳がんにかかった人の２割くらいしかいないのは残念ね。

博士　ただ、ＨＥＲ２に異常があるかどうかは事前の検査でわかるから、薬が有効な人だけを判定して投与できる。効きもしない抗がん剤を使われて、副作用と高い医療費に苦しむ人は減るはず。こういう、患者の個性に合わせた「オーダーメイド医療」は、これからの医療におけるキーワードの一つだね。

ショ　そっかあ。確かに、夢の薬だね。

博士　と言っても、やっぱりすべてが万々歳というわけじゃあない。副作用も、今までの抗がん剤よりは低いけど、やはり皆無というわけにはいかない。

分子標的薬の先駆けとなった「イレッサ」（肺がんに使用）は、「副作用の少ない夢の抗がん剤」というイメージが先行したためもあり、安易に使われて多くの副作用問題を引き起こした。有効性も高い薬ではあるが、やはりリスクと無縁ではない。

ショ　いいことずくめとはいかないか。

博士　もう一つ、医療費の問題もある。ものによっては、ものすごく高くつくんだよ、分子標的薬って。

分子標的薬の多くは、バイオ技術によって生産される「抗体医薬」と呼ばれるタイプの薬であり、化学合成による従来の医薬よりも、製造費がかさむ。また、有効な患者数が少ないため、臨床試験の期間は長引き、結果として一人あたりの薬価は極めて高くなる傾向にある。

ショ　高いって、どのくらい？

博士　ものによっては、月に１００万円以上。しかも一回で治るならともかく、長期間投与しなきゃいけないものが多い。

ショ　ええっ！　じゃあ、よっぽど大金持ちじゃなきゃ、使えないじゃん！

博士　うん、やっぱりいくら何でもあこぎな商売だと思えるよね。いずれ値下がりしていくだろうけど、大きな問題だよ。

高額療養費制度によって、一定額を超えた医療費は国庫から支給されることになっている。しかし、これが医療費を高騰させ、回り回って国民の負担となっていることには変わりはない。

サリドマイドの復活

博士 もっと安くてよさそうな薬もある。実は「サリドマイド」がそうなんだけど。

ショ サリドマイド? 薬害事件の?

サリドマイドは、1957年にドイツのメーカーが催眠鎮静剤として発売した薬。安全な薬剤とされたため、多くの妊婦が服用した。しかし、この薬を飲んだ母親の胎児に異常を引き起こすという事態が発生。世界で数千人の被害が出た、大きな薬害事件となった。

博士 すごく悲劇的な事件だったんだけど、この副作用を逆手にとると、がんの治療に使えるんだ。

ショ どういうこと?

博士 サリドマイドで手足が成長しないのは、血管を新しく作らせない作用があるせいなんだよ。これって、さっきのアバスチンと同じことでしょ。

ショ ああ、そうか。……てことは、じゃあ、サリドマイドでがんを小さくできるの!?

博士 多発性骨髄腫というがんの一種に有効だということがわかって、すでに日本でも発売されている。

ショ　危険はないの？

博士　もちろん反対意見も多かったんだけど、それだけ効果が高かったということらしいよ。

ショ　まあ、それで治る患者さんがいるなら、使わないでいる手はないわよね。

博士　その代わり、間違って妊婦が飲んだりすることがないように、すごく厳しい管理が義務付けられている。

ショ　毒も使いようで薬になるって、本当なんだなあ……。

博士　サリドマイドは、ハンセン病にも効くし、エイズにも効果があるのでは、なんて話もある。高い新薬ばかりじゃなく、こういう薬をうまく活用することも、すごく重要じゃないかな。もちろん、慎重を期する必要はあるけどね。

間に合わなかったノーベル賞

ショ　そうそう、「免疫でがんを治す」みたいな本も、最近ちょくちょく見るけど……。

博士　人間の体の免疫系って、体内に入ってきた細菌やウイルスと闘うばかりじゃなく、なりかけのがん細胞なんかも退治してくれているんだ。そこで、免疫系をさらに強化して、がん細胞をやっつけてもらうという方法が考えられている。

ショ　免疫を強化するなんて、できるの？

博士　いくつかやり方があるけど、樹状細胞というものを使う方法がある。

樹状細胞は、いわば免疫細胞の訓練役。樹状細胞にがん細胞の一部を取り込ませると、免疫細胞にこれを提示して「このがん細胞を攻撃しろ」と指令を出す。免疫細胞はこれに従い、がん細胞を認識、破壊するようになる。

ショ　警察犬を、「このにおいのやつに噛みつけ」って訓練する感じか……。

博士　この樹状細胞ってのを発見したのは、ラルフ・スタインマンという先生なんだけど、自分も膵臓（すいぞう）がんになってしまって、ずっとこの方法で闘病していたんだ。で、この樹状細胞の功績でノーベル賞をもらえることになったんだけど……。

ショ　どうなったの？

博士　２０１１年のノーベル賞発表の、３日前に亡くなった。

ショ　えー!!　間に合わなかったんだ……。

博士　発表してから、当人がすでに亡くなっていたことがわかった。ノーベル賞は、授賞時点で生存している人だけが対象と決まっているんだけど、スタインマンは審議の結果、受賞が認められた。

ショ　それはよかったといえばよかったけど、あと少し、生き延びていればねえ……。じゃあ、その治療法は、あまり効き目はなかったということ?

博士　まあ、生存率の低い膵臓がんになってから、4年ほど生き延びたようだから、効果はあったんじゃないかな。今、世界で臨床試験が進んでいるところだよ。

ショ　いろいろと進歩してるんだね。

がん細胞の女王蜂

博士　ただ、いろいろ進歩してはいても、やはりがん細胞は厄介者でね。抗がん剤がいったん効いたように見えても、再発することがある。これは、がん細胞を生み出す「親玉」みたいなやつのせいじゃないかと言われ始めた。「がん幹細胞」というやつ。

「親玉」であるがん幹細胞は、数が少なく、自身は「静止期」(いわば冬眠状態)にあるのでほとんど増殖しないが、活発に増殖するがん細胞をたくさん生み出す。しかも冬眠してい

るがん幹細胞には、抗がん剤がほとんど効かない。治療によってほとんど消えたかに見えたがんの病巣が、しばらくするとまた活発化するのは、このがん幹細胞が生き残っているためと考えられている。

ショ　へーっ、そんな女王蜂みたいなやつがいるんだ……。じゃあ、そいつをやっつけないことには、働き蜂をいくら叩いてもきりがないわけだ。

博士　で、そのボスをやっつける方法も見つかりつつある。がん幹細胞を静止期から追い出してやれば増殖を始めるんで、そこを抗がん剤で叩く。追い出す原理はわかってるんで、あとはそういう薬を開発すればいい。画期的な方法になるかもしれないよ。

ショ　ただ、がんの治療って、いろいろなことを言う人がいるじゃない？　がんは治療しても無駄だから、ほうっておけとかさ。いざ自分や家族ががんに直面したら、何を信じて、どうしたらいいのか、きっとわからなくなっちゃうと思うのよね。

博士　がんを放置しろっていう主張は、理解できる部分もあるけれど、やはり極論だよね。検診で早期発見して対処すれば完治するケースはたくさんあるし、そのための技術も格段に進歩している。そういう状況の中で、医療不信を必要以上に広げるのはどうかと思う。スティーヴ・ジョブズも、がんになってから代替治療法に走って、最後はずいぶん後悔していたという話も聞くしね。いい治療法があるのに、それに背を向ける人が増えるとすれば、大きな問題だと思うよ。

ショ　でも、実際に瀬戸際に立たされたら、みんな迷うと思うよ。目の前の医者が本当に信頼できて、最善の手を打ってくれるどうか、誰にもわからないし。

博士　患者や医師と「対話」して、過去数百万のカルテや論文をスキャンし、最適な治療方針を示してくれるスーパーコンピュータが、今、開発中だそうだけど。

ショ　それはすごいね。けど、あんまり安心して身を任せる気にもなれないかも……。

博士　まあ、初めはあくまで、人間の医者のアシストだろうけどね。こういう技術の助けも借りながら、いろいろなところでがん治療はどんどん進歩している。がんが怖い病気じゃなくなる日も、そう遠くないんじゃないかと思うよ。

第14話 「地球温暖化」は止められる!?

サトウ博士（以下博士） ただいまー。うおお寒い。死ぬかと思ったよ。

ショウコ（以下ショ） ずいぶん降ってるものねえ。関東でこんなに雪が降るのって、何年ぶりだろ……。

博士 異常気象だねえ。アメリカにも、記録的大寒波が来ているようだしね。

ショ 何だか、しばらく前までは地球温暖化って言って大騒ぎしてたけど、実際には寒くなってるんじゃやない？

博士　そう思ってる人は多いよね。氷河期が来るとか言う人もいるし。

ショ　じゃあ温暖化ってウソなの？

博士　地球温暖化の話っていうのは厄介でね。専門家から素人まで、いろいろな人がいろいろなことを言うから、議論が尽きない。俺も研究者の集まりでは、この話題は出さないようにしてるよ。

ショ　研究者同士でも、そんなに意見が食い違うものなの？

博士　何しろ１００年先の気候のことなんて、誰にも断言できるわけがないからね。そこに政治的な動きとか陰謀論とか、いろいろなことが絡んでくるから面倒だよ。

ショ　あなたはどう思ってるの？

博士　俺は気象の専門家じゃないから、本当に学問的に深いレベルでの判断はできないけど、世界中の学者がさんざん会議して出した結論を信じてはいるよ。かなりの確度で温暖化は進んでいるし、対策を打たないといけないと思ってる。

温暖化で寒くなる？

ショ でもさ、現実に、今年の冬はすごく寒いじゃない？

博士 温暖化ってのは、何十年、何百年のスパンで考えることだからね。たまに寒い年だってもちろんあるけど、平均的には気温は上がってきている。去年の夏も暑かったし、桜の咲く時期は、年々早まってると思うでしょ？

ショ 確かに、昔は入学式の頃に桜が咲いてたけど、今は3月中に咲くのが当たり前になったよね。

博士 あと、この冬の寒さは、温暖化のせいだという見方もある。

ショ え、何それ？ 寒いのが暑くなったせいって、どういうこと??

北極付近の気温が上昇したため、北極を取り巻いて回っている気流が弱まり、冷たい空気が漏れて南下してきている。２０１３年冬の米国の寒波はこのためとする説がある。

博士 これに限らず、いわゆる「地球温暖化」では、地球が一様に暖かくなるわけではなくて、部分的に寒冷化したり、災害が大きくなったりする、という影響も考えられているんだ。気温が上がるだけの単純な話じゃないんだよ。

このため専門家の間では、「地球温暖化」に代わって、「気候変動」という言葉が使われるようになってきている。

ショ　災害が大きくなるって？

博士　たとえば海水温が上がると、台風が成長しやすくなるとかね。

ショ　ああ、なるほどね。そういえば、台風もだけど、以前では考えられなかったような大雨被害が増えてるよね？

博士　アメリカでも以前は、温暖化に対して懐疑的な声が強かったけど、ハリケーン・カトリーナの被害を経験してからは、だいぶ風向きが変わったようだよ。

ショ　とはいっても、人間のせいで地球の気候が変わるなんてこと、ありうるのかなあって、感覚的には思っちゃうんだけど……。

博士　それは大事なことで、疑う心を捨てちゃいけないんだけどね。ただ、温暖化がこのまま進んだ時の影響は、あまりに大きすぎる。悲惨な事態が絶対に起こるとは言えないとしても、対策は必要だと思う。自分の子どもが将来、重い病気になるかもと言われたら、確率が低くても、できる限り対策をするでしょ。それと同じことだと思うよ。

牛のげっぷを止めろ

ショ　でも、節電とか省資源とか言われるけど、はっきり言ってあまり進んでないじゃない？　人間、なかなか生活水準は下げられないし。他によさそうな手ってあるの？

博士　とにかく、できることをいろいろ積み重ねていくしかないと思うよ。

ショ　たとえば、どんな？

博士　地味だけど侮れない方法として、牛のげっぷを止める研究がされてる。

ショ　げっぷ??　何それ!?

博士　温暖化の原因が、大気中の二酸化炭素（CO_2）が増えたせいっていうのは知ってるでしょ。でも、実はメタンっていうのも大敵でね。

ショ　メタンって、どんなものなの？

メタン（CH_4）は天然ガスの成分で、よく燃えるため、都市ガスに使われている。空気中の存在量は少ないが、同量のCO_2に比べると20倍以上、温室効果が高い。

博士　……ってことで、地球温暖化といえばCO_2ばかりが取り上げられるけど、実は温暖化全体に占めるCO_2の寄与は6割程度。メタンは約2割だから、かなり大きいんだ。

ショ　そんな悪いやつもいたのか。で、そのメタンってのは、どこから来るの？

博士　どうも、その3～4割が、「牛のげっぷ」から来ているらしい。つまり、地球温暖化の6~8パーセントは、牛のげっぷの責任ってことになる。

ショ　えーっ？　地球の空気ってすごい量でしょ？　いくら牛がげっぷしたって、さすがに影響ないんじゃない？

牛が草を消化する過程で、細菌が草を発酵させて大量のメタンガスを作る。一頭あたり、毎日600~800リットルのメタンをげっぷとして吐き出す。牛は世界で14億頭も飼われているから、一日あたり東京ドーム800個分ものメタンが排出されている計算となる。

博士　……ってことで、実は莫大な量のメタンが、牛のげっぷとして排出されてるんで、それを減らす工夫がされている。

トウモロコシの代わりに、昔から使われてきたアルファルファなどの牧草で牛を飼うと、メタンが2割ほど減少する上、牛乳や肉の味もよくなると報告されている。また、牛の第一胃に棲む、メタンを作る細菌を遺伝子操作し、メタンの発生を抑える研究もなされている。

ショ　うーん、そこまでして肉を食べるっていうのも、人間のエゴ丸出しな話よね。

博士　確かにね。特に牛肉ってのは、水資源保全や、CO_2削減の観点からすると、贅沢極まりない食べ物なんだよね。

IPCC（気候変動に関する政府間パネル）議長のパチャウリ博士によれば、牧場の開発や、

飼料の運搬などのために放出される温室効果ガスは、全体の18パーセントに関係するという。このため、週に一度は肉食を控える日を作ろうという運動も提唱されている。

「地球工学」とは何か

博士　ところで、「地球工学」という、大規模な対策もいろいろ提案されてるんだけど。

ショ　地球工学？　初めて聞いたわ。たとえば？

博士　上空に微粒子をたくさんばらまいて、太陽光を遮ることで、地球を冷やそうっていう方法が提案されている。要するに、「地球に日傘をさす」ってことだね。

火山の大規模な噴火でガスが上空に上がり、日を遮ることで地球の温度が下がった事例は、歴史上何度もある。これを人工的に行なうというもの。たとえば、高度20キロメートルの上空に、飛行機で微粒子をスプレーのように薄くまく方法が考えられている。

ショ　ううーん、何だか、ろくなことにならないような気もするんだけど……。

博士　理論的には温度も下がるはずだし、コスト的にも実現可能そうなんだけどね。ただ、エアロゾル（気体の中に浮遊する微粒子）に水滴が集まると雲になるんで、気候が変わってしまう可能性がある。影響は読み切れないし、やめた方がよさそうという意見が大半なようだよ。ただ、比較的低コストでできて即効性もあるから、温暖化でいよいよヤバいとなった時の、最終手段にはなるかもしれない。

ショ でも、地球をいじくるようなやり方は、何かしら問題が出そうじゃない？ 他には何か方法はないの？

クール・ルーフ作戦

博士 実は、空気に変なものをまくんじゃなくて、屋根を白く塗るだけでいいっていう話があってね。**太陽光を白い屋根ではね返せば、熱は蓄積されずに宇宙空間に逃げてゆき、気温が下がることになる。ノーベル物理学賞受賞者で、米国エネルギー省長官を務めたスティーブン・チュー博士によれば、世界中の建物の屋根や道路を白く塗るだけで、すべての車を11年間止めてしまうのと同じ効果があるという。**

ショ おっ、それはわりと現実的なんじゃない？ 道路が真っ白だと、まぶしくて運転しづらそうだけど、屋根ならあんまり生活に影響もなさそうだし。
博士　簡単で、それほどコストもかからないし、もし悪影響が出ても、塗り戻せば済むしね。普通より反射率の高い、特殊な塗料も開発されているよ。
ショ　家の屋根を白くしたら、夏に涼しくなって、冷房の分だけ節電もできるんじゃない？一石二鳥だよ。
博士　それも計算した人がいて……でも、残念ながら冬に寒くなってしまって、暖房の電気消費が上がる分と相殺（そうさい）されちゃうって。
ショ　あ、そっか。じゃあ、夏は白で、冬は黒に塗り替える方向でどう？
博士　節電に関しては、それがいいかもしれないね。塗り替えは面倒だけど、光や熱で色が変わる塗料もあるから、それが使えるかもしれないね。
ショ　真っ白な壁の家とか、季節で色の変わるエコハウスがかっこいい、なんてことになればいいね。

光合成とは

ショ　そもそもCO_2を、使わないとか出さないようにはできないの？

博士　「低炭素社会」とか「カーボンフリー」とか言われて、何だか炭素は邪魔者扱いみたいになっちゃってるけどね。でも、人間の体も工業製品もエネルギーも、みんな炭素化合物が基本だからね。で、炭素化合物を扱えば、最終的にはCO_2を発生する。人間が生活している限り、炭素と縁を切ることはできない。

ショ　そんなに大事なものなのか……。単なるゴミじゃないんだね。

博士　そう、ゴミもうまくリサイクルすれば、資源として再生できるのと同じで、CO_2も回収してうまく活かせば、いろいろなものに再利用できる。

ショ　なんだ、そんなことができるなら、それが一番いいに決まってるじゃない。

博士　CO_2を、他の役立つ化合物に変えることはできる。ただ、その時にどうしても、エネルギーが必要になるんだ。で、そのエネルギーを作る時に、CO_2が出るのでは意味がない。

ショ　CO_2の出ないエネルギーって何かないの？

博士　一番いいのは太陽光だよね。タダで無限に使えて、CO_2も出ない。
ショ　なあんだ。よし、じゃあそれで行こう！
博士　でも、薄く広く降り注ぐ太陽エネルギーを活用するのは、実は何より難しい技術なんだ。もっとも、それを簡単にやってのけているものが身近にあるんだけど。
ショ　何？
博士　植物だよ。葉っぱからCO_2を吸収して、太陽光のエネルギーを使ってブドウ糖なんかに変えている。いわゆる「光合成」ってやつだね。
葉の中には、葉緑素が巧妙に配置されており、これらがアンテナのように光を集めて、CO_2を他の分子に変換していく。これにより、空気中にわずか0・03パーセントしかないCO_2を集めて、植物の体は作られている。
博士　間違いなく、自然が生んだ最高傑作の一つだね。こんなこと誰が考えたんだ、と思うくらい見事なシステムだ。
ショ　そこらへんの葉っぱが普通にやっていることでしょ？　そんなにすごいの??
博士　植物も動物も、いろんな色や姿や大きさのものがいるでしょ？　でも、葉っぱの色はほぼ「緑」一種類しかないじゃない？

ショ　確かに、花は色とりどりなのに、世界中どこでも、葉っぱはたいてい緑だね。

博士　自然は進化の過程でありとあらゆるシステムを「発明」したけれど、光合成に関しては、葉緑素を使う今のシステム以外に、うまくいく仕組みがなかったんだろうね。40億年かかって、これしか「正解」が見つけられなかったってこと。ノーベル賞科学者を何人連れてきても、こんなものは設計できないよ。

ショ　力説してるな……。とにかく、一枚の葉っぱは、今の科学では不可能なほど難しいことをやっているってことね。

博士　そう。その光合成によって、空気中のCO_2は、食べ物やら建材やら、有用な物質に変換されている。それらの物質を、動物や人間が使い、CO_2として放出する。今はそのバランスが崩れて、空気中にCO_2が増えすぎた状態だね。

ショ　で、CO_2をこれ以上増やさないように、努力しなきゃいけない、と。

博士　そういうこと。ただ、植物なんかにもう少し頑張ってもらって、CO_2を吸収してもらう作戦もありうる。

ショ　熱帯雨林を守ろうとか、木を植えようとかいうこと？

鉄で光合成を増やす

博士　それも重要なんだけど、目に見える植物以外にも、光合成をしてくれるものがいる。海中に棲む微生物、つまり植物プランクトンに頑張ってもらう。

植物プランクトンは、光合成によって年間５００億トンものCO_2を吸収する。これは、人間が年間に排出するCO_2の約10倍にあたる膨大な量である。

ショ　小さいけどすごいんだね……。で、どうやって頑張ってもらうの？

博士　海にエサをまいて、プランクトンを増やしてやる。

ショ　どんなエサ??

博士　それがなんと、「鉄」なんだよ。プランクトンが光合成をする時に必要なタンパク質に鉄が含まれてるから、CO_2の吸収に不可欠ってことだね。

ショ　じゃあ、屑鉄（くずてつ）を海にまけばいいんだ。それなら安上がりで、いけるんじゃない？

博士　確かにね。で、すでに実験もされている。

南極付近の鉄が少ない海域に、硫酸鉄の粒7トンを散布したところ、珪藻（けいそう）というプランクト

ンが大量発生し、深海に沈んでいくのが確認されている。

ショ　いけるじゃん！

博士　いや、でもね、思ったほどうまくプランクトンが増えてくれなかったケースも多いんだ。**鉄の補給でいったんはプランクトンが大発生したが、海中の窒素分を短期間で使い果たし、死滅してしまった例がある。**

ショ　じゃあ、窒素もまけば？

博士　あんまりいろいろまくと、他の藻類なんかも増えすぎて、海洋生物のバランスを崩す危険もある。なので、特別な許可を得た科学実験以外で、海に栄養分をまくのは禁止されているんだ。コストが安いから有望ではあるけど、まだ研究段階だね。

ショ　都合よくCO_2を吸ってくれるだけ、ってわけにはいかないのね。

人工光合成の夢

ショ　じゃあ、光合成を増やすのも難しいの？

博士　さっき言ったように、光合成は実に見事な仕組みなんだけど、自然ができることなら

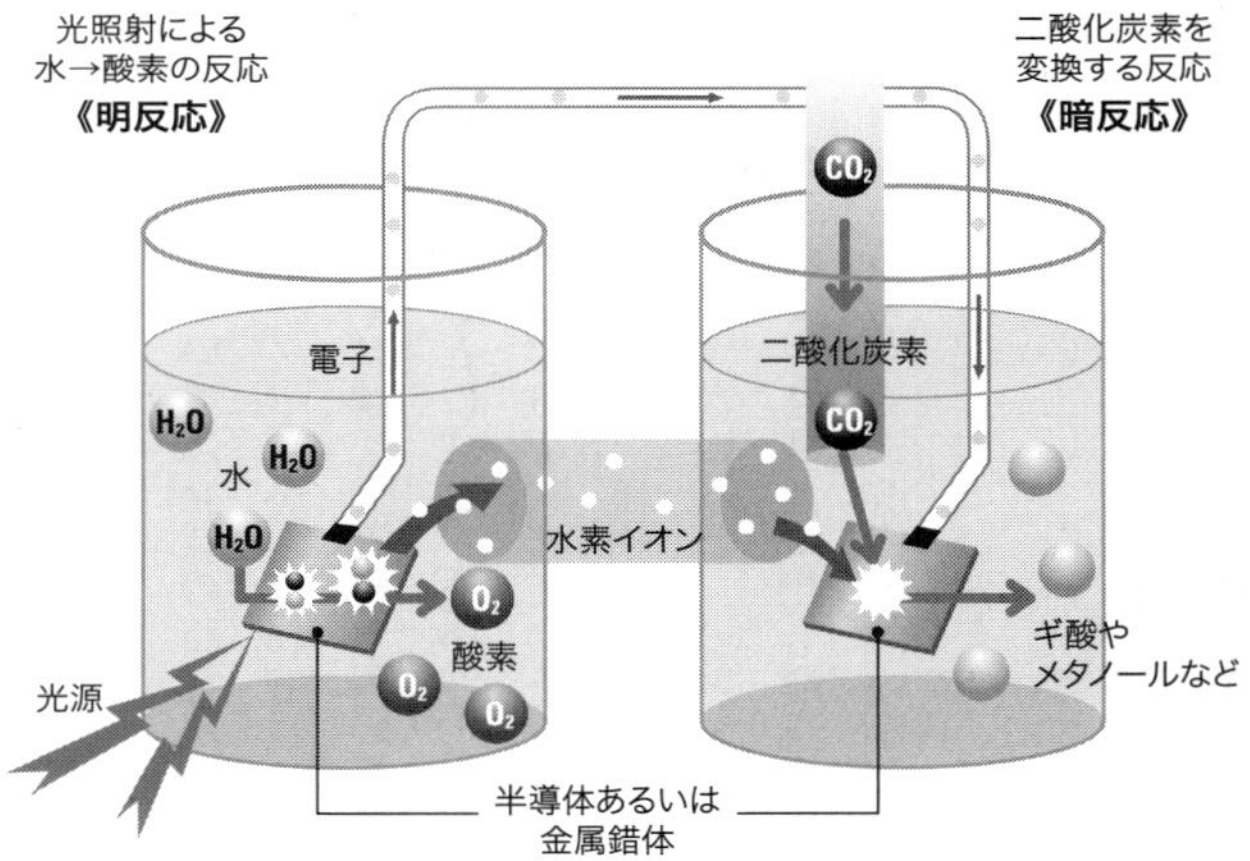

人工光合成のしくみ

ば、化学にだってできないはずはない。これが「人工光合成」というやつで、今、とても注目されている。

ショ　普通の葉っぱがやってくれるんだから、わざわざ頑張って人工光合成なんてやらなくてもいいんじゃないの？

博士　そうだね、植物の能力はもちろん素晴らしいんだけれど、かと言って、ガソリンやプラスチックを作ってくれるわけではないからね。増えすぎた空気中のCO_2を捕まえて、こういう有用物質を直接作れれば、一番効率がいいに決まってる。

ノーベル化学賞受賞者の根岸英一博士は、受賞対象となった「触媒」の研究を人工光合成に振り向け、オールジャパン体制で研究に取り

組むことを発表した。その他にもいくつか大型予算がつけられて、プロジェクトが動いている。

ショ　うまくいきそうなの？

博士　これについては企業の研究所が頑張っていて、２０１１年に豊田中央研究所が、２０１２年にパナソニックが、それぞれ人工光合成に成功したんだ。

豊田中研グループは、半導体を用いて光のエネルギーを集め、CO_2から「ギ酸」という有機化合物を作り出すことに成功。太陽光のみで人工的に光合成を行なったのは世界初の快挙だった。

ショ　へーっ！　世界初っていうのがいいね。

博士　でしょ。ただ、植物みたいに複雑な分子を作ったりすることはまだできない。改良の余地はまだまだ大きいけど、CO_2を太陽光エネルギーで取り込む技術ができたのは画期的だね。

ショ　これができれば温暖化も解決？

博士　もちろんすぐに解決とはいかないだろうけど、何しろCO_2を減らそうっていうんじゃなく、積極的に有用なものに変えていこうという「攻め」の技術だからね。期待は大きいよ。

ショ　やっぱりいろいろな研究が進んでいるんだね！　一時ほど温暖化の話を聞かなくなって、みんな忘れていそうだけど……。

博士　そうだね。いくら新技術が出てきても、エネルギーを浪費して、CO_2を出しまくっていたんじゃ、意味がないよね。

ショ　震災直後は「節電節電」だったのに、もうみんな、何事もなかったかのようだものね。

博士　非常によくないよね、この状況は。エネルギー政策っていうのは、食べ物の話と同レベルに重要なんだ。原発の是非にばっかり目が行っちゃってるけど、温暖化だって大問題なんだから、もっと総合的に考えていかないといけないことだと思うよ。

もしも…
光合成する洋服が
発売されたら…
CO2
CO2
O2
O2
みどり色
みどり色
みどり色
みどり色
エコかも
しれないけど
色がねぇ〜

第15話 「エネルギー問題」を解決したい！

ショウコ（以下ショ） はーあ。困ったもんだなあ……。

サトウ博士（以下博士） どうしたの？ ため息なんかついて。……あ、家計簿つけてるの？

ショ うーん……、厳しいわねえ。これじゃあ、なかなか貯金なんてできやしないわ。

博士 うー、アベノミクスとか言ってるけど、給料もそう上がらないしねえ。

ショ 光熱費が厳しいのよね。寒い上に、電気料金が上がったからなあ。

博士 ガソリンもずっと高止まりしてるしね。なかなかドライブにも行けないよなあ、これじゃ。

ショ　何とかならないの？　石油を掘り当てる機械でも発明してよ。

博士　俺はドラえもんじゃないんだから、そう言われてもなあ……。だいたい、日本では地質的に、石油は出ないいんだよ。

秋田から新潟付近、北海道に小規模な油田はあるが、産出量は少なく、日本の石油消費量の0・4パーセント程度にすぎない。

ショ　じゃあ、電気を作ろう！　太陽光パネルとか、つけている家があるじゃない？

博士　うちはマンションだから、無理だよ。

ショ　いや、だから、うちのベランダでも発電できるような太陽電池を発明してってことよ。

博士　うーん……前にも言ったように、太陽光はエネルギー密度が低いからねえ。原理的に難しいよ。

太陽光発電の難点

ショ　難しいこと言って、弱音ばっかり。そこを何とかするのが研究者でしょ!!

博士　ふーむ、エネルギー問題は大事なことだからね。少しじっくり説明するか。
ショ　あ、いや、私相手に、そんなに本腰を入れなくてもいいんだけど……。
博士　まあそう言わずに。今、発電ってどんな種類があるか知ってる？
ショ　えーと、火力、水力、原子力、太陽光、あと……風力も？
博士　そうだね。あと、地熱とか波力とかいろいろあるけど、主要なものはそれくらいだね。
ショ　台風とか雷って、すごいエネルギーがあるんでしょ？　そのエネルギーを発電には使えないの？

一回の落雷は、一般家庭一軒の1～2カ月分、大型台風なら、日本の数十年分の発電量に相当するエネルギーを持っている。

博士　技術的には、たいていのエネルギー源から発電はできるよ。
ショ　え？　発電できるの？　じゃあ、どうしてやらないの??
博士　エネルギーって、どこにでもあるんだよ。降ってくる雨粒からでも、人の歩く振動からだって、エネルギーは得られる。

雨の落ちてくるエネルギーで発電し、光る傘が開発されている。また、歩く際の振動で携帯電話を充電できる装置も発売されており、26分の歩行で1分間の通話が可能。

ショ へーっ、何でも発電できるんだね。雨のエネルギーなんて、集めればずいぶんな発電量になるんじゃない？

博士 ただ、エネルギーの総量が多くても、エネルギーの密度が低いと、どうしても活用しづらい。

ショ どういうこと？

博士 太陽光エネルギーなんかはその典型なんだけどね。莫大な量があるんだけど、地球表面にすごく薄く広く降り注いでるんで、集めて使うことが難しい。**地球に降り注ぐ太陽光エネルギーをすべて活用できれば、わずか1時間分足らずで世界の年間消費エネルギーをまかなうことができる。しかし、このエネルギーはごく一部しか活用されていない。**

博士 ガスコンロの火のエネルギーは、量は限られてはいるけれど、小さな空間に固まって放出されているから、簡単にお湯を沸かすことができる。太陽光エネルギーの量は莫大だけど、薄く広がっているから、少し暖かいくらいでしかなくて、湯を沸かすのは大変。

ショ たくさんあるからいい、ってもんでもないのか。うーむ。

博士 風力や波力も、エネルギー量は多いけど、回収が難しいという意味では同じ。バケツ一杯分の水を汲み出す時、深い井戸から汲むんだったら簡単だけど、深さ1センチの広い水たまりからだとすごく大変、ってのに近いかな。

海底資源は掘り出せるか

博士 他の資源でも同じようなことはあってね。たとえば、「メタンハイドレート」って聞いたことある?

ショ あ、テレビで見たよ。海の底にある、燃える氷みたいなやつでしょ?

メタンハイドレートは、天然ガスの成分であるメタン分子が、海底の低温高圧で水分子に閉じ込められ、氷状になったもの。地上に持ってくるとメタンガスを放出するため、燃料として使用可能である。

博士 日本近海には、日本の天然ガス消費量の100年分に近い量のメタンハイドレートがある、と言われている。

ショ へーっ、だから掘り出そうとして頑張っているのね。

博士 ただ、これも広く薄く分布しているから、集めるのは大変なんだよね。まして、水深5

00メートル以上、海底面下数百メートルの地層の中にあるもんだから、掘り出して地上まで持ってくるのは非常にしんどい。日本にとっては、喉から手が出るほど欲しい資源だけど。

ショ　ニュースでは、掘り出すのに成功したって言ってたよ。

博士　そうなんだよね。とはいえ、採算が取れるようなコストで掘り出せないと、経済的には意味がない。掘り当てれば勝手に噴出する石油と、価格競争しなきゃいけないからね。単に「掘り出せた」っていうのと、「資源として活用できる」っていうのは、まったく違うことなんだよ。

燃焼中のメタンハイドレート（写真のものは人工。写真提供：メタンハイドレート資源開発研究コンソーシアム）

火力と原子力

博士　もう一つ、エネルギーで大事なのは、必要な場所へ必要な量を、必要な時に間違いなく送り届けられるということ。ここのところが、たいてい軽視されている。

ショ　停電しましたゴメンナサイ、じゃ済まない場所がいっぱいあるもんね。

博士　そうなると、天気任せの太陽光や風力なんかは、どうしたって不利になる。さっき出てきた台風や雷も、やっぱり安定的なエネルギー源にはなりにくい。

ショ　じゃあ、何があるの？

博士　水力は、出力の調節は利くけど、もうダムを作ることのできる場所も残っていない。となると、残るのはやっぱり火力と原子力なんだよね、今のところ。

ショ　何よ、結局それなの？　現状と何も変わらないじゃない、それじゃや。

博士　火力は、石油・石炭・天然ガスという安定供給できるエネルギー源が使えるし、原子力は、エネルギー密度がケタ違いに高い。この二つを超えるのは、簡単じゃないいんだよ。

100万キロワットの発電所を1年間動かすためには、天然ガスで95万トン、石油なら15

5万トンの燃料が必要だが、原子力ではわずか21トンで済む。一方、太陽光でこれだけの発電をするには、山手線の内側に相当する面積を、すべて太陽光パネルで埋め尽くす必要がある。

博士　だから、「原発を即時全廃するという方針さえ示せば、イノベーションが必ず起きるから大丈夫」とかいう政治家もいたけど、エネルギーはもっとずっと根源的な問題。オイルショック以来いろいろ研究してきて、それでうまくいっていないんだから、そう簡単にイノベーションなんて言ってくれるなよ、と思うよ。

ショ　えーっ?? じゃあ、福島であんな事故があったのに、これからも原発に頼っていくしかないってこと? なら、研究者って、いったい何のために働いてるのよ。

博士　おっしゃるとおりで、原発はエネルギー密度の点ではよくても、事故が起こった時のリスクは高すぎるし、放射性廃棄物の問題も大きい。すぐにとはいかなくても、原発に頼らないで済むための研究はするべきだし、現にいろんな方面で進んでるよ。

印刷で作る太陽電池

博士　さっきも言ったとおり、太陽光発電の弱点は、薄く広く広がったエネルギーを回収しづらいこと、そして夜間や曇りの日に発電できないという不安定さがあること。

ショ　でも、太陽光ならどこに行ってもタダで手に入るもんね。タダよりいいものはないよ。

博士　そうそう。その上、CO_2や廃棄物なんかも出なくて、クリーン。これを何とか活用しない手はない。

ショ　でも太陽光エネルギーを集めるのは難しいんでしょ？　どうするの？

博士　一番いいのは、安くて手軽な太陽電池を量産して、そこらじゅうを発電所にしちゃうことだよね。

ショ　今のソーラーパネルって高いもんね。発電した電気でそのうちもとが取れるとは言うけれど、初期費用が何十万円なんて言われると、なかなか手は出ないよね。

博士　国から補助金が出ていてさえ、それだからね。なんでそんなに高いかというと、高純度なシリコンを使うからで、これは製造にどうしてもコストがかかる。

ショ　それをどうにかできないの？

博士　シリコンの代わりに有機化合物を使う「有機薄膜太陽電池(ゆうきはくまく)」の開発が進んでいて、実用化に近いところまで来てるよ。

有機薄膜太陽電池は、文字どおり薄い膜状であるため、フィルムなどに印刷するように製造

できる。このためコストも安く、軽量で、自由に変形もできる。これを使えば、カーテンや衣服、日用品など、あらゆるものの表面を「発電所」にできる。

ショ　太陽電池を印刷できるの⁉

博士　うん、普通の印刷技術で作れるよ。変換効率（受け取った太陽光エネルギーが電気エネルギーに変換される割合）も、シリコンに劣らないものが出てきた。鍵になる「フラーレン」っていう物質の研究が進んでいるから、まだまだ効率は上がりそうだよ。

ショ　今あるソーラーパネルとは、だいぶ印象が違いそうね。

博士　そうだね。普及すれば、電気とか発電に対する考え方がだいぶ変わりそうだからね。個人的にすごく期待してる技術だよ。

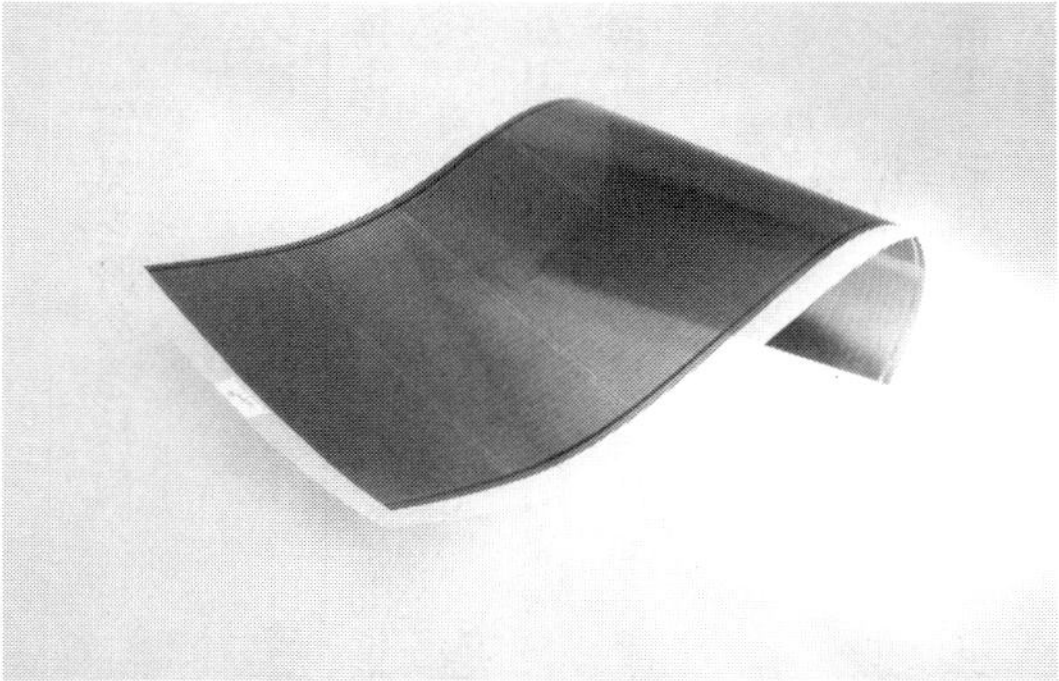

有機薄膜太陽電池（実証実験の段階のもの。写真提供：三菱化学株式会社）

電気を貯める技術

ショ でも、夜とか曇りの日に発電できないっていうのは、どうするの?

博士 要するに、晴れた昼間に電気を作って、どこかに貯めておくことができればいい。ただ、電気ってのは流れていくものなので、そのままでは貯められない。

ショ えっ、携帯電話の充電って、電気を貯めてるんじゃないの?

博士 うん、あれはコンセントからの電気を使ってリチウムを作り、そのリチウムから電気を取り出して電話をかけているわけ。そういうふうに、電気を他の形に変えて貯める仕組みを作ればいい。

ショ 携帯の電池のでっかいのを作るの?

博士 あれをそのまま大きくはしにくいね。今は、揚水(ようすい)発電っていう仕組みがよく使われている。

揚水発電は、高低二つの貯水池から成る。余剰電力で低所の水を高所に汲み上げておき、必要時に水を落として発電する。

ショ　わりと原始的な仕組みなのね。

博士　今のところ、大量の電気貯蔵ができるのはこれしかない。ただ、作れる場所に制限はあるし、どうしてもエネルギーを3割程度はロスする。

ショ　1万円が7000円になっちゃうってことか。それはもったいないな。

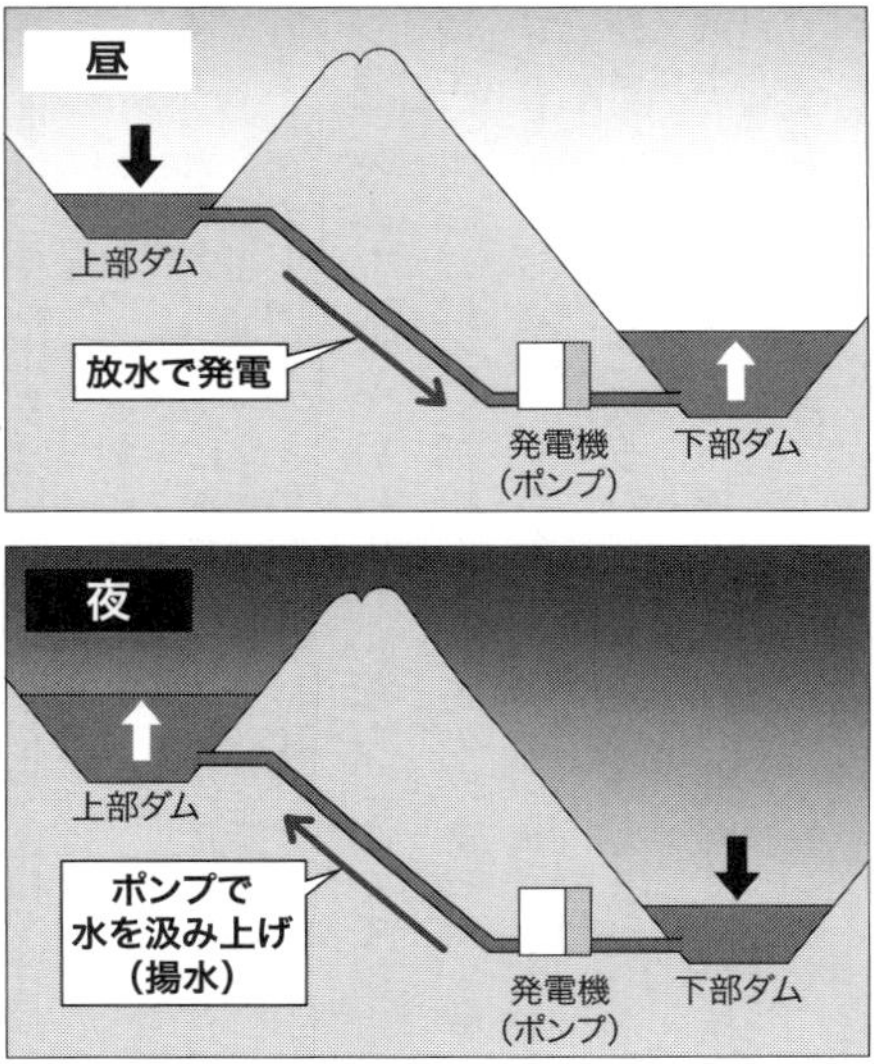

揚水発電所のしくみ

博士　でしょ。エネルギーの形を変換する時にはどうしてもロスが出るんだけど、これを最小限にするのはすごく大事。太陽光とか風力みたいなエネルギーを活かすためには、実は電気貯蔵技術が鍵を握っているとも言えるんだ。

ショ　何かうまい手があるの？

博士　ナトリウム硫黄電池とか、圧縮空気を使うとか、いろんな方式が考えられてる。ただ研究者として究極の夢は、やっぱり常温超伝導なんだよね。

ショ 何それ？　必殺技の名前??

博士 さっき、電気は流れていくものだと言ったけど、同じところをクルクル回していれば貯蔵したのと同じことになるわけよ。

ショ そんなことでいいの??　なら、なんで揚水発電とか大がかりなことをするのよ？

博士 電線には電気抵抗というものがあって、ずっと電気を流していると電流が弱っていってしまう。お金にたとえると、貯金が勝手に目減りしていく状態だね。

ショ げ、勝手に減るの。利子をつけてほしいくらいなのに。

博士 ところが、ある種の物質は、低温では抵抗がゼロになるんだ。つまり、これを使えばロスなしの電気貯蔵ができる。

ショ そうなると、ありがたいの？

博士 そりゃもうすごいよ。電気を貯蔵するだけじゃなく、ロスなしで遠くまで送電することもできる。それだけでも、今より5〜8パーセント、単純計算で原発10基分の節電ができるんだ。

ショ ええ〜早くそれ、作りなよ！

博士　もうできてはいるんだけどね。ただ、低温でないと超伝導にならない。

ショ　低温？　冷蔵庫くらいとか？

博士　いや、マイナス２７０度とか。いわゆる絶対零度付近。

マイナス２７３・１５度になると、あらゆる原子の振動が止まり、これ以下には温度が下がらなくなる。これを「絶対零度」という。絶対零度近くでは、ある種の金属などが「超伝導状態」、すなわち、電気抵抗ゼロになることが知られている。

ショ　でも、そこまで温度を下げるのって、大変じゃないの？　冷蔵庫だって結構電気を食うのに。

博士　めちゃくちゃ大変で、エネルギーも食うんだ。なので、できるだけ高い温度で超伝導になる物質を探すため、研究者が血眼（ちまなこ）になってる。今は液体ヘリウムという、高価な液体で冷やしてるけど、液体窒素が使えれば、これは空気からいくらでも作れるんで安上がりだし、冷やすためのエネルギーも少なく済む。液体窒素の温度が約マイナス１９６度だから、これより高い温度で超伝導を起こしてくれれば、いろいろ応用範囲が広がるはず。

現在、超伝導を示す温度の最高記録は、２０１３年に産業技術総合研究所チームが報告した、マイナス１２０度。

ショ　お、もう射程圏内に入ってるのね。でも、あまりどこかで超伝導が使われてるっていう話は聞かないけど……。

博士　まだ性質が安定しなかったり、成形しにくかったりで、高温超伝導が実用化されるところまでは来ていない。

ショ　うーん、頑張ってもらわないと。

博士　実用化できる物質が見つかったら、ノーベル賞間違いなしだからね。で、常温で超伝導を起こす物質を見つけるのが、現代物理学の究極の目標。

ショ　できそうなの？

博士　ずいぶん日本の科学者も貢献しているし、いつかできるんじゃないか、とは思っているけどね。俺が生きているうちに、超伝導社会をぜひ見てみたいと思うよ。

ショ　まだ遠い話か……。でも、日本人が頑張ってるのは嬉しいね。

石油を作る藻

博士　他でも日本の研究者は頑張っているよ。たとえば、「石油を作る藻」は、日本人が発見した。これがあれば、日本は産油国になれるかもしれない。

ショ　石油を作る藻？　そんな変な生き物がいるの??

ボトリオコッカス・ブラウニーと呼ばれる藻類は、CO_2を吸収し、太陽光エネルギーによって、重油に近い成分を生産する。

博士　いわゆる光合成によって石油を作る、変わり種の生き物。陸上の植物にも、燃料として使えそうな油を作るものはいるけど、こちらの方がずっと効率よく油を生産してくれる。

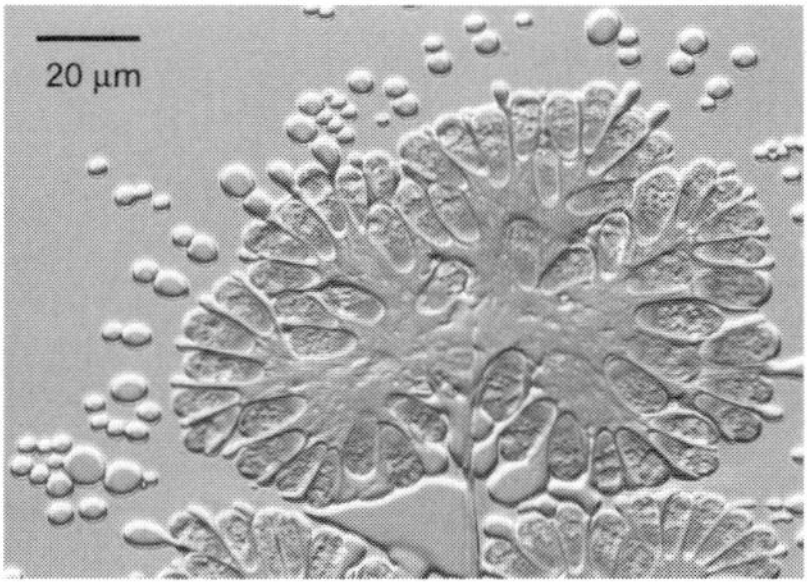

ボトリオコッカス
（写真提供：筑波大学渡邉信研究室）

ショ　それって、大発見じゃない!!

博士　でしょ。さらに品種改良で、増殖効率が１０００倍にも増した「榎本藻（えのもとも）」ってのも出てきた。屋外で、大規模な培養にも成功してるよ。

ショ　邪魔者のCO_2から、石油を作ってくれるってのがいいね。

博士　実はもう一つ、オーランチオキトリウムという藻類も期待株。

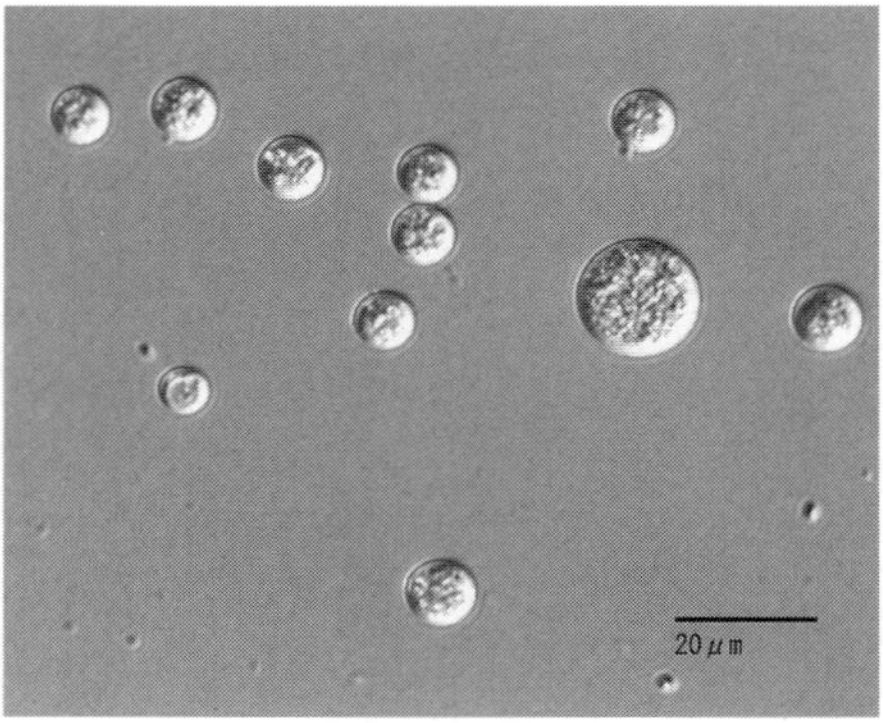

オーランチオキトリウム
（写真提供：筑波大学渡邉信研究室）

オーランチオキトリウムは、水中に含まれる有機物を食べて、やはり石油に近い成分を作り出す。増殖が速く、極めて効率よく油を生産するため、大きな期待を集めている。

博士　こっちは光合成はしないけど、生活排水なんかの有機物から油を作ってくれるから、環境浄化と石油生産を一緒にやってくれるかもしれない。

ショ　ずいぶん都合のいい話ねえ……。

博士　ボトリオコッカスとオーランチオキトリウムを組み合わせて、さらに効率よく油を生産する方法も研究されている。

まずボトリオコッカスに、光合成によってCO_2から油を作らせ、絞りとる。その残りカスと分泌物をオーランチオキトリウムのエサにして、さらに油を作ってもらう、という方法。これにより、石油に近い価格で製造できる目処（めど）が立ってきた。日本国内の休耕田の5パーセントをこれに振り向ければ、国内で使う石油をすべてまかなえる計算になる。

博士　他にも、植物から燃料を作る「バイオ燃料」の研究は多いんだけど、たいていが植物の作る化合物をあれこれ変換して、分離精製するタイプ。この過程でどうしても、せっかくのエネルギーをロスする。ボトリオコッカスなんかは直接油を作ってくれて、後は絞るだけで燃料が取れるから、ずっと筋がいい。

ショ　でも、まさかこれも、実用化は何十年後とかいうんじゃないでしょうね？

博士　ご心配なく。もう企業が加わって、ビジネス化に向けて話が進んでる。２０２１年の実用化を目指しているらしい。

ショ　それなら、もしかすると東京オリンピックに間に合うかも⁉　くらいの感じだね。聖火台の炎は、日本の技術で作った「環境に優しい油」で、なんて、いいじゃない……！

博士　ああ、それはいいねえ。日本の環境技術のアピールとしては、最高かもね。

ショ　エネルギー関係も、ずいぶんいろいろなことが研究されているのね。

博士　世の中、科学のニュースというと、医療とか生物学に目が向きがちだけど、いくら医学が進歩しても、エネルギーがないと人類は生きられないからね。逆に、エネルギーさえ使い放題に使えれば、経済とか環境とか、あらゆる問題が解決できるとも言える。今も重要視されてはいるけど、もっともっと注目されるべき分野だと思うよ。

2020年
東京オリンピックでは
日本が開発した
「環境に優しい油」が
聖火台に使用(される
かも…!?)

おわりに

本書では、「化学」という学問を通して、身近なことから壮大なことまで、さまざまな「人類の夢」について書いてきました。中には化学というより生物学や機械工学などに近い内容もありましたので、このタイトルは我田引水と言われてしまうかもしれません。ただ、「分子」を創り出し、使いこなす学問分野が「化学」だとするならば、本書で取り上げた内容の多くは、広い意味での「化学」と捉えられるとも思います。

本書では15の「夢」を取り上げましたが、当然「人類の夢」はこれだけではありません。

もっともっと、かなえられるべき夢は存在するはずです。今は誰も気づいていない夢こそ、実は大事な事柄なのかもしれません。

「ポリメラーゼ連鎖反応」（ＰＣＲ）という技術があります。わずかな量のＤＮＡを、数時間のうちに何百万倍にも増やしてしまう、文字通り夢のような技術です。生化学分野の研究に大きく貢献したことはもちろん、病気の診断、ＤＮＡ鑑定、犯罪捜査などにも道を開きました。考案者のキャリー・マリス博士は、この功績で１９９３年のノーベル化学賞を受賞しています。

しかしＰＣＲは、べつに極めて難解な研究から導き出されたものではありません。むしろその原理はごく単純であり、マリスがこれを思いつくずっと以前に、必要な器具や試薬は出(で)揃(そろ)っていました。「このような仕組みを創れないか考えてみてくれ」と当時の研究者に頼んでみたら、これを思いつく人はマリス以外にもおそらく何人もいたことでしょう。

ただ、「数時間のうちにＤＮＡを何百万倍にも増やす仕組み」などというものを、マリス以前には誰一人想像していなかったのです。ちなみにマリスは、ドライブ中にＤＮＡの構造を思い浮かべてぼんやりと夢想をしているときに、この原理を思いついたといいます。ＰＣＲは、まさに「夢」が生んだ発明であったといえます。

しかし、現代の科学者は、どれくらい「夢」を見ているでしょうか？　以前に筆者は、30年後にどのようなことが実現しているか、「化学の夢」をトップ研究者に予測していただき、まとめるプロジェクトに関わったことがあります。本書には、その時の経験が大きく生かされています。

ただ、筆者の目から見て、そこで挙げられた予測は、「夢」というわりにはやや手堅い内容とも見えました。何人かはとんでもなく突飛なことを書いてくる人がいるかと思ったのですが、案外そうでもありませんでした。専門家というものは、豊富すぎる知識が邪魔をし、あまり無茶な発想はできなくなっているのかもしれません。また、昨今の研究者はあまりに忙しすぎ、ゆっくりと夢を思い描くような時間は、なかなか確保できないのも事実です。

第9話の最後で、「科学者に無茶振りをしてみてほしい」と博士に言ってもらったのは、この意味です。洗わなくてもきれいになるお皿や、赤ちゃんの痛いところがわかる機械から、PM2・5対策に至るまで、「こんなことができないか」という事柄は、身の回りにいくらでもあるでしょう。その中には、今の技術で十分解決可能な事柄や、科学者が思わずアッと言うような発想も、少なからずあるはずです。そうして夢と技術が出会うところに、明るい未来を作る発明は生まれるはずです。

環境問題、貧困、資源枯渇、レアメタル問題、食糧増産など、人類の前にはいくつもの課題が横たわっています。まだこの世にないものを創り出す力を持つ「化学」は、これらの大きな課題を解決する先兵となることでしょう。この分野に関心を持ち、先行きを期待して見守っていただければ、と思います。

＊本書は、『小説宝石』2013年2月号～2014年4月号に連載された「化学で夢はかなう？」に、加筆修正を加え、新書化したものです。

分子モデル：著者・佐藤健太郎作成（P61, P81, P93, P162）／構造式：原図は著者作成、イラスト化はおちゃずけ（P24, P79, P198, P201, P205）／図版作成：デマンド（P54, P58, P129, P164, P166, P184, P216, P257, P271）／写真のうちP12, P14, P17, P52, P125, P177はWikipediaより転載。

佐藤健太郎（さとうけんたろう）

1970年兵庫県生まれ。東京工業大学大学院理工学研究科修士課程修了。医薬品メーカーの研究職、東京大学大学院理学系研究科広報担当特任助教等を経て、現在はサイエンスライター。2010年、『医薬品クライシス』（新潮新書）で科学ジャーナリスト賞。2011年、化学コミュニケーション賞。著書は他に『「ゼロリスク社会」の罠』（光文社新書）、『炭素文明論』（新潮選書）、『有機化学美術館へようこそ』『化学物質はなぜ嫌われるのか』（ともに技術評論社）、『創薬科学入門』（オーム社）など多数。また国道マニアでもあり、近著『ふしぎな国道』（講談社現代新書）も快走中。

化学で「透明人間」になれますか？ 人類の夢をかなえる最新研究15

2014年12月15日初版1刷発行

著　者 —— 佐藤健太郎
発行者 —— 駒井　稔
装　幀 —— アラン・チャン
印刷所 —— 萩原印刷
製本所 —— ナショナル製本
発行所 —— 株式会社光文社
東京都文京区音羽1-16-6(〒112-8011)
http://www.kobunsha.com/
電　話 —— 編集部03(5395)8289 書籍販売部03(5395)8116
業務部03(5395)8125
メール —— sinsyo@kobunsha.com

ISBN 978-4-334-03835-9

718
子どもに貧困を押しつける国・日本
山野良一

２０１４年、日本の子どもの貧困率は過去最悪を更新した。政府によって貧困に陥る子どももいる。前著『子どもの最貧国・日本』に続き、無責任な社会の「子どもの貧困」をレポート。

978-4-334-03821-2

719
時代劇ベスト１００
春日太一

時代劇研究の旗手が、戦後の時代劇映画・ドラマの中から、「これだけは押さえておきたい」40本、「隠れた名作」40本、「個人的な趣味で選んだ」20本の計１００本をセレクト。

978-4-334-03822-9

720
アスペルガー症候群の難題
井出草平

アスペルガー症候群の特性と犯罪に関係はあるのか？　現在まで積み重ねられてきた科学的知見に基づきこの難題に答え、加害者・被害者を生まないための情報共有の必要性を説く。

978-4-334-03823-6

721
第二の地球を探せ！
「太陽系外惑星天文学」入門
田村元秀

地球以外にも生命は存在するのか？　私たちはいま、人類の永遠の問いに科学的に答えられる「第二の地動説」革命の時代に生きている。第一人者による天文学・惑星科学の最先端。

978-4-334-03824-3

722
ゆるり　京都おひとり歩き
隠れた名店と歴史をめぐる〈七つの道〉
柏井壽

由緒ある寺の面白い逸話、七不思議のある通り、路地裏の祠やお地蔵さん…。京都は歩くたびに発見がある。歴史に思いを馳せ、美味しいものに出会う散歩道。第一弾は京都中心部。

978-4-334-03825-0

723
「お金」って、何だろう？
僕らはいつまで「円」を使い続けるのか？
山形浩生
岡田斗司夫 FREEex

そもそも金利とは？　経済政策の7割はムダ？　お金を使わない方が社会はうまく回る？――格差・信用・幸福度の尺度となるお金。その本質に迫り、経済をすっきり読み解く一冊。

978-4-334-03826-7

724
シングルマザーの貧困
水無田気流

大きく変わる「家族の現実」と、驚くほど変わらない「家族の理想像」。聞き取り調査を交え、シングルマザーに凝縮される日本社会の構造と縮図を描き出し、その問題点をあぶりだす。

978-4-334-03827-4

725
「感染症パニック」を防げ！
リスク・コミュニケーション入門
岩田健太郎

エボラ出血熱、デング熱、新型インフル…感染症の襲来によるパニックや被害拡大を防ぐために、必要なコミュニケーションの技術とは。感染症界のエースが豊富な経験を交え教える。

978-4-334-03828-1

726
ニッポンの規制と雇用
働き方を選べない国
中野雅至

ブラック企業はなぜ規制できないのか？　国の規制を扱う現場にいた元厚生労働省の官僚が、規制の実態とそれが果たしていた役割を基に、日本人の労働と雇用のあり方を考える。

978-4-334-03829-8

727
家族内ドロボー
相続でバレる大問題
長谷川裕雅

家族のお金や不動産を盗む「家族内ドロボー」。円満に見える家庭を襲い、相談件数も多いにもかかわらず誰も指摘してこなかった問題への対処法と、その予防策を敏腕弁護士が解説。

978-4-334-03830-4

728
ギャンブル依存国家・日本
パチンコからはじまる精神疾患
帚木蓬生

日本人のギャンブル依存有病率は、なんと4・8%、536万人にのぼる（厚労省発表）。ギャンブル障害の実態と利権構造を徹底追及し、ギャンブル漬けの日本に警鐘を鳴らす！

978-4-334-03831-1

729
守備の力
井端弘和

ドラフト5位の小柄な選手が17年間やってこれた理由とは？ 守備の極意をはじめ、イメージを覆す打撃論も披露。最強軍団でもレギュラーを目指し、挑戦をやめない名脇役の野球論。

978-4-334-03832-8

730
死体は今日も泣いている
日本の「死因」はウソだらけ
岩瀬博太郎

犯罪見逃しや死因判定ミスが止まらない日本。その一因は旧態依然の死因究明制度にある。解剖、CT検査、DNA鑑定など法医学者の仕事に迫り、知られざる社会問題をあぶり出す。

978-4-334-03833-5

731
やきとりと日本人
屋台から星付きまで
土田美登世

やきとり屋でなぜ豚・牛もつが出てくるのか？ 驚きの歴史を知り、屋台から老舗、一つ星まで、北海道から九州まで、多種多様なやきとりを味わう。全国70軒のお店を紹介！

978-4-334-03834-2

732
化学で「透明人間」になれますか？
人類の夢をかなえる最新研究15
佐藤健太郎

新しい物質を創り出せる唯一の分野「化学」の世界では、今どんな研究がどこまで辿り着いているのか…美、長寿、モテから病気の治療、薬、金・ダイヤ、宇宙旅行や環境分野まで紹介。

978-4-334-03835-9